F-4ファントムⅡの科学

40年を超えて最前線で活躍する名機の秘密

青木謙知／著
赤塚 聡ほか／写真

著者プロフィール

青木謙知(あおき よしとも)

1954年12月、北海道札幌市生まれ。1977年3月、立教大学社会学部卒業。1984年1月、月刊『航空ジャーナル』編集長。1988年6月、フリーの航空・軍事ジャーナリストとなる。航空専門誌などへの寄稿だけでなく新聞、週刊誌、通信社などにも航空・軍事問題に関するコメントを寄せている。著書は『F-15Jの科学』『F-2の科学』『ユーロファイター タイフーンの実力に迫る』(サイエンス・アイ新書)など多数。日本テレビ客員解説員。

カメラマンプロフィール

赤塚 聡(あかつか さとし)

1966年、岐阜県生まれ。航空自衛隊の第7航空団(百里基地)でF-15Jイーグルのパイロットとして勤務。現在は航空カメラマンとして航空専門誌などを中心に作品を発表するほか、執筆活動や映像ソフトの監修なども行っている。日本写真家協会(JPS)会員。おもな著書は『ブルーインパルスの科学』『ドッグファイトの科学』(サイエンス・アイ新書)、『航空自衛隊の翼 60th』(イカロス出版)。

本文デザイン・アートディレクション:クニメディア株式会社
校正:曽根信寿

はじめに

アメリカ海軍の新艦上戦闘機F4Hとして開発されたF-4ファントムⅡは、私が生まれてから約3年半後の1958年5月27日に試作機が初飛行しているので、ほぼ同年代の戦闘機です。生産国であるアメリカの軍隊からは、作戦機としては完全に退役していますが、日本のほか、いくつかの国ではまだ現役の第一線機です。

F-4ファントムⅡを語るうえで外せないのが、各型合計で5,195機が生産されたことです（日本でのライセンス生産140機を含む）。これは、アメリカ製ジェット戦闘機としては最多の生産機数です。これに続くのが今も生産中のロッキード・マーチンF-16ファイティング・ファルコンですが、現在の受注機数4,558機が今後、大きく増えることはまず考えられないので、しばらくの間、抜かれることはないでしょう。F-4の生産機数が増えた最大の要因は、冷戦の緊張が高まり続けるなかで量産が開始されたことと、そこにベトナム戦争へのアメリカの関与が加わったことにあります。また当時としては強力な火器管制レーダーを備え、レーダー誘導の空対空ミサイルの運用能力を持った本格的な全天候戦闘機である

F-4は、経済的に豊かな国からの採用も相次ぎました。日本もその一国で、F-4EJの導入により航空自衛隊の要撃戦闘機部隊は全天候作戦の時代に入ったのです。

F-4EJは航空自衛隊にとってはじめての複座戦闘機でした。アメリカ空軍のF-4と同じなので、後席からも操縦できますから、両方の席にパイロットが搭乗します。通常は前席が操縦し、後席の役割はレーダーや兵器システムなどの操作が主体となります。緊急事態以外、後席が操縦することはほとんどありません。航空自衛隊のF-4パイロットにとってつらいのは「操縦資格を取って部隊配備になった後の最初の2年」といわれました。F-4EJのパイロットもほかの機種と同様、戦闘機パイロットになるための課程教育を終了した後、実用機転換訓練を受けてF-4EJのパイロットの資格を得ます。このときは第301飛行隊で前席に乗って訓練を受けるので、もちろん操縦します。資格を得ると各飛行隊に配属されて任務に就くのですが、最初の約2年は後席での作業の訓練が飛行訓練の多くを占めます。すなわち操縦できない日々が続き、前席よりもはるかに視界の悪い後席で他者の操縦に身を委ねる毎日となり、「飛行機酔いすることもしばしば」と聞きました。一人前のF-4EJパイロットになるにはこうした忍耐力も必要だったようです。

F-4はジェット戦闘機の世代でいえば、第3世代を代表する機種です。超音速飛行能力を得て、レーダーを装備し、ミサイルも携行するようになった第2世代戦闘機を発展させたもので、多用途戦闘能力を持つ機種がそろっています。そのぶんシステムなどは複雑化し、パイロットは多くの訓練を積む必要がありました。また、空対空と空対地の双方でミサイルが搭載兵器に加わり、その運用能力を高めることが機体の発展の主眼に置かれました。そのこと自体は決して誤りではありませんでしたが、当時の技術ではミサイルですべてを解決することは不可能でした。特に空対空ミサイルについてはベトナム戦争がそれを実証しました。空対空ミサイルは百発百中ではなく、外れることは珍しくありませんでしたし、また戦闘の状況によっては発射する機会すら得られないこともあり、決して万能の存在ではなかったのです。

「空中戦はミサイルを撃つだけで終わる」というミサイル万能論に支えられ、機関砲を装備しない設計で開発されたF-4でしたが、現実には古来の格闘戦闘に入ることにもなり、機関砲と格闘戦闘の操縦技倆の重要性が再認識されました。このため、続くF-14、F-15、F-16といった第4世代戦闘機は、いずれも機関砲を固定装備し、さらには格闘戦闘で相手を凌駕する運動性を発揮できるようにするエネルギー管理戦闘を行えるよう設計されたのです。そして第4世代戦闘機では、特に戦闘機動操縦において練度の高い訓練の利点を発揮できます。

とはいっても、F-4ファントムⅡの登場時、本機種が世界最高の戦闘機であったことに疑いはありません。日本が新戦闘機の導入計画で評価作業を行ったときも、比較対象になったライバル機種とは圧倒的な差があり、文句なしに採用が決まりました。ただそのファントムIIも、試作機の初飛行から数えると「還暦」が間近に迫っています。日本でも導入開始から40年あまり経過していて、能力向上改修と寿命延長は行いましたが、保有機数は減少し、戦闘機型は2個飛行隊で40機程度が運用されているだけになりました。後継機種としては、ロッキード・マーチンが開発した第5世代戦闘機、F-35AライトニングIIの導入が決まっていて、2016年中期にその初号機がアメリカで完成します。F-35Aの導入が進めば、それにともないF-4EJ改が退役し、2020年代前半にはいよいよ姿を消します。勇姿を目にできる時間は、刻々と減ってきているのです。

本書は航空自衛隊F-15Jの元パイロットで、現在は航空カメラマンとして自衛隊の写真を中心に精力的に取材活動をなさっている赤塚 聡氏とのコンビで刊行させていただいた『F-2の科学』『F-15Jの科学』に続く、3冊目の書です。これで航空自衛隊の現役戦闘機3機種を網羅でき、個人的には大変満足しています。本書の写真も赤塚 聡氏から全面的にご協力いただきました。本書内の各写真で撮影者および提供者が記されていないものは、すべて赤塚氏の撮影によるものです。本書の執筆では、科学書籍編集部の石井顕一氏にアドバイスをいただきました。この場をお借りして、お礼申し上げます。

2016年5月　青木謙知

F-4ファントムⅡの科学

40年を超えて最前線で活躍する名機の秘密

CONTENTS

SB Creative

CONTENTS

第1章
航空自衛隊と F-4EJ

航空自衛隊によるF-4EJ導入の経緯、そして「日本向けF-4EJとはどのような戦闘機なのか」などを中心に、F-4Eの基本的なメカニズムを取り上げます。

F-4EJ導入の経緯
― 三次防とF-X

1966年4月、当時の防衛庁(現防衛省)が、**第三次防衛力整備計画**(以下、三次防)の原案を発表しました。三次防は、1967～71年度を対象とした5カ年計画で、原案時の総額は約2兆7,000億円(計画確定時は2兆3,400億円±250億円)となり、陸・海・空各自衛隊で重点項目が定められていました。

航空自衛隊ではその一つとして、次期主力戦闘機の機種選定が盛り込まれ、これがF-104J選定に続く2度目の新戦闘機計画である**第二次F-X**となったのです。機種選定作業は速やかに開始され、期間中に結論を得て、1971年度から新戦闘機の受領を開始するというスケジュールが立てられました。

国内開発はできなかったので、外国機から選択することとなり、

候補機種にはジェネラル・ダイナミックスF-111（アメリカ）、マクダネル・ダグラスF-4（同）、ロッキードCL-1010シリーズ（同）、ノースロップF-5（同）、マルセル・ダッソー ミラージュF1（フランス）、BACライトニング（イギリス）、サーブ37（スウェーデン）、BAC/ブレゲー・ジャギュア（英仏共同）が挙げられました。これらの中で、CL-1010-2、F-4E、ミラージュF1Cの3機種が最終候補として絞り込まれ、アメリカとフランスに調査団を派遣し、試乗を含めた評価作業が行われました。

ミラージュF1CやCL-1010-2は、この時点でまだ開発途中でしたし、**全体的な完成度や総合的な能力でF-4Eが他機種を大きくリード**していました。海外視察から帰国した調査団はすぐに報告書をまとめて、1968年9月27日に「F-4Eが最適」との報告を行い、これを受けて当時の増田防衛庁長官が11月1日、佐藤総理大臣に対してF-4Eでの機種決定を申し出て、承認を得ました。

1968年11月、防衛庁は航空自衛隊の新戦闘機として、アメリカ空軍で主力戦闘機として使われていたマクダネル・ダグラス（現ボーイング）F-4EファントムⅡの導入を決定した。F-4は当時すでにアメリカ軍の最新鋭戦闘機としてベトナム戦争に投入されており、F-4Eはその教訓からアメリカ空軍が要求した20mm機関砲を機首に固定装備するタイプとして開発されたものである。写真はアメリカ空軍第49戦闘航空団第20戦術戦闘訓練飛行隊に配備されていた当時のF-4Eを再現したもの。緑と茶色による「ベトナム迷彩」塗装が施されている。空気取り入れ口の斜板に描かれた五つの赤い星はミグ戦闘機を5機撃墜したことを表している。ただ、この機体が実際に5機の撃墜に用いられたわけではなく、ベトナム戦争期間中に北ベトナム軍戦闘機5機を撃墜してエース（撃墜王）となったスティーブ・リッチー大尉の乗機の塗装を再現したものである。リッチー大尉はF-4Dで3機、F-4Eで2機のMiG-21“フィッシュベッド”を撃墜している。使用した兵器は、いずれもAIM-7Eスパローであった。また、コンビを組んで搭乗した後席の兵器システム士官は、ロウレンス・ペティート大尉（1機のみ）とチャールズ・デブルーブ大尉（ほかの4機）であった

1-02 F-4Eの問題点
— 性能が高すぎたので能力を低下させた

防衛庁はF-4EJをF-Xとして選定した理由の概要を次のように説明しました。

(1) 優秀な速度性能と上昇性能、加速性能を有している。
(2) 空対空ミサイル4発搭載での短距離要撃で約100海里(185km)、長距離要撃で約450海里(833km)、支援戦闘(爆弾8発)で約250海里(463km)の行動半径を有する。
(3) 1時間以上の戦闘空中哨戒を行ったうえでも、要撃戦闘能力を有している。
(4) レーダーを装備し、レーダー誘導空対空ミサイル4発と赤外線誘導空対空ミサイル4発を搭載し、20mm機関砲を持つほか、各種の爆弾を搭載することができる。

これらは確かに優れた能力ですが、**専守防衛を国是とする日本の防空戦闘機としては能力が高すぎる**との指摘が出されました。特に、要撃を主任務とする戦闘機なのに対地攻撃力が高すぎること、そして空中給油能力があって行動範囲を拡大できることなどが、周辺諸国に脅威を及ぼす可能性があるとして不安視されました。

そこで増田防衛庁長官（当時）は国会で、「他国に侵略的、攻撃的脅威を与えるようなもの、との誤解を生じかねないから、F-4には爆撃装置を施さない」との答弁を行って、航空自衛隊向けのF-4Eは、**いくつかの装備を外すなどして能力を低下させる**ことになったのです。具体的には、慣性航法装置とそれに連動する兵器投下コンピューター、爆撃タイマーなどを外し、空中給油口を上空で使用できなくするなどでした。

アメリカ空軍の要求により開発されたM61A1 20mm機関砲装備型のF-4Eを日本は新戦闘機として選定した。写真はアメリカ空軍の第一線部隊から退役し、無人標的機となったQF-4E。垂直安定板後縁頂部に遠隔操縦用のアンテナが追加されている。この飛行はパイロットが搭乗しての有人操縦で行われている　写真：青木謙知

F-4Eとの違い
— 特に弱められた兵器搭載能力

日本がF-4Eを導入するにあたって、その高すぎる能力を抑制するためにF-4Eから変更した点は前項で記したとおりですが、実際にはそれほどの能力低下にはなっていません。

攻撃装備関連では、中央エア・データ・コンピューターはF-4Eのものがそのまま残されましたし、AN/AJB-7爆撃システム/爆撃タイマーに代えて5010H姿勢方位基準コンピューターが搭載されています。AN/ASN-63慣性航法装置とAN/ASN-46航法コンピューター・セットも残されていて、当時のレベルとしては優秀な航法能力を受け継いでいます。空中給油口も、地上では給油口として使えるようにされており、当時、航空自衛隊に空中給油機はありませんでしたから、大きな問題ではありませんでした。

一方で、F-4Eは多彩な兵器搭載能力を有していましたが、空対空ミサイルは導入に合わせて新たに調達されたものの、対地攻撃用兵器は、例えば空対地ミサイルの導入は行われず、こちらの面では**要撃戦闘主体の専守防衛の姿勢**が貫かれました。

日本はF-4Eでも、それ以前のF-86FやF-104J/DJと同様にライセンス生産を要求し、アメリカもそれを承認しました。基本的には、エンジンやレーダーなども含めて、F-4Eをほぼそのまま製造しますが、前記したダウングレードが行われました。また、AN/APR-36/-37レーダー警戒受信機については情報が渡されなかったため、独自にJ/APR-2を開発して装備しました。加えて、自動警戒管制組織(バッジ・システム)との高速データ通信装置である、AN/ARR-670を搭載しました。こうした細かな変更が加えられた航空自衛隊のF-4Eは、**F-4EJ**と呼ばれることになりました。

主翼にAIM-9Pサイドワインダーを搭載した、アメリカ空軍第51混成航空団第497戦術戦闘飛行隊所属のF-4E。韓国のテグ基地に所在していた部隊である　写真提供：アメリカ空軍

Mk82 500ポンド（227kg）爆弾の模擬弾を一斉投下するアメリカ空軍第52戦術戦闘航空団所属のF-4E。日本での導入にあたって対地攻撃力の高さが問題の一つとなった
写真提供：アメリカ空軍

1-04 F-4Eの機体構成
― 後席でも操縦できるのは空軍型

これからしばらくは、F-4Eという機種の特徴について、細かく見ていくことにします。まず基本的な機体構成ですが、搭乗員2名が前後に座るタンデム複座コクピットを有する双発のジェット戦闘機です。くわしくは第5章で記しますが、これは基となったアメリカ海軍の要求によるもので、前席にパイロット、後席にレーダー迎撃士官（RIO[※1]）が乗り組むこととし、操縦は前席のみで行うようにされました。このため海軍型の後席に操縦装置はありません。これに対し、F-4Eなどの空軍型は、後席の役割は基本的に同じですが、前席に加えて後席にも操縦装置があって、

※1 RIO：Radar Interceptor Officer
※2 Weapons System Officer

後席からも操縦することができます。空軍の後席搭乗員は**兵器システム士官**（WSO※2）と呼ばれます。

主翼は胴体中央に低翼で配置され、水平に取り付けられていますが、折りたたみ機構部から先の外翼には、上に12度持ち上げた上反角が付いています。付け根部の胴体下面には半円形の溝が設けられていて、**半埋め込み式**でAIM-7スパロー空対空ミサイル4発を搭載できるようにしています。主翼の後退角は翼弦長の25％の位置で45度です。

エンジンは後部胴体内に2基が横並びで置かれています。エンジン収容部から主翼上を通ってコクピット付近まで、空気取り入れダクトが走っていて、最前部に、角に丸みを付けた縦長の長方形の空気取り入れ口があります。尾翼は1枚の垂直安定板と、左右が連動して一体となって動く全遊動式の水平安定板の組み合わせで、水平安定板には23度25分の下反角が付いています。降着装置は、前脚式3脚です。艦上戦闘機として設計されたため頑丈で、また主脚の車輪幅間隔が5.46mと広めになっているのが特徴です。

航空自衛隊第5航空団第301飛行隊所属のF-4EJ改。主翼上面に出ているボルテックスの靄（もや）から、激しい機動飛行を行っていることがわかる

1-05 J79エンジンと空気取り入れ口
— 最大速度はマッハ2.23と高速

F-4のエンジンは一部の外国軍機を除けば、**ジェネラル・エレクトリック J79アフターバーナー付きターボジェット**です。ロッキードF-104スターファイターにも装備された大推力で頑丈なこのエンジンが、F-4でも選ばれました。F-4のタイプによって推力や細かな違いはありますが基本的には同一で、F-4Eではドライ時最大推力52.8kN、アフターバーナー使用時79.7kNのJ79-GE-17が使われています（初期のものはドライ時最大推力が52.6kN、アフターバーナー時最大推力が79.3kN）。

また、F-4EJは石川島播磨重工業（現IHI）がライセンス生産をしたので、J79-IHI-17の名称になっています。J79のエンジン内部の構成はどのタイプも同じで、エンジンの最前部には17段の軸流式圧縮機があります。このうち最初の6段には可変式ステーター（静翼）が用いられており、全体圧縮比は13.5です。燃焼室はカニュラー型で、10個のカン（缶）型燃焼室が燃焼ケース内に円形に配置されており、その後方には3段のタービンがあります。この大推力エンジンを双発装備したことで、F-4Eは**マッハ2.23の最大速度**をはじめとする優れた飛行性能を得られています。

エンジンに空気を導く取り入れ口の設計にも、高性能を発揮するための工夫が凝らされました。エンジン空気取り入れ口は、外側上下の角に丸みを持つ長方形の固定式ですが、内側の胴体との間には境界層制御用のスプリッター板があり、胴体との間には約6cmの隙間が設けられ、乱れた空気流を逃します。前方の固定ランプ※の後ろには、片側2つの後方可変ランプがあり、これらにより最適な亜音速空気流をエンジンに送っているのです。

※ ランプ：開口部

J79エンジンのアフターバーナーに点火して離陸した、第301飛行隊所属のF-4EJ改。この強力なエンジンを双発装備したことが、ファントムⅡに高性能をもたらした

石川島播磨重工業（現IHI）がライセンス生産したJ79-IHI-17。ターボジェット・エンジンなので、今日のエンジンに見られる最前部のファンはもちろん付いていない

1-06 燃料システム
— 最大燃料搭載量は12,464L

F-4Eの機内燃料タンクは中央胴体内上部と主翼内にあります。胴体内のものはコクピット直後から後方に向かって7個のタンクが一列に並んでいます。これらはすべて口径12.7mmまでの銃弾の直接被弾に対する自己防漏機能を備えています。

主翼内タンクは、内翼部と外翼部に分かれています。ともに主翼内部構造を活用して一体化させたインテグラル・タンクと呼ばれるもので、自己防漏機能はありません。胴体内7個の燃料タン

クの合計容量は4,955L、主翼内は左右合計で2,438Lなので、これらの合計は7,393Lになります。さらにF-4Eは、左右主翼下と胴体中心線下の計3カ所に投棄可能型の増槽を携行できます。容量は主翼下のものが1本1,400L、胴体下のものが2,271Lなので、これらをフル装備したときの最大燃料搭載量は12,464Lです。

増槽とすべての燃料タンクは配管で結ばれているので、どの燃料タンクからでもエンジンに燃料を供給できます。主翼内燃料タンクの燃料は、いったん胴体内に移送されてエンジンに供給されますが、機首上げ角が75度以上あるいは機首下げ角が15度を超えているときは移送できません。

地上での燃料の補給は、前部胴体下面にある一点加圧給油口を使って行いますが、中央胴体上面にある空中給油受油口から給油することも可能です。増槽には、それぞれ専用の給油口が付いています。飛行中の緊急事態の発生などで燃料を投棄する必要が生じた場合には、投棄バルブを開くことで燃料を機外に放出できます。投棄口は胴体最後部のドラグシュート（制動傘）収容部の上と、主翼後縁の内翼部と外翼部の境目にあります。

増槽を3本搭載した飛行開発実験団所属のF-4EJ改。F-4の最大燃料搭載形態である。左右主翼下の内側ステーションには、ASM-2（2-07参照）も装着している。主翼下増槽内の燃料は、いったん主翼内燃料タンクに送られ、その後、胴体内タンクに移送されてエンジンに供給される

AN/APQ-120レーダー
— 30海里（55.5km）先の目標を照準可能

F-4のメインのセンサーはレーダーで、発展型が作られるたびにレーダーも新型へと更新されました。F-4Eでは、ウエスチングハウス（現ノースロップ・グラマン）の**AN/APQ-120**が使われています。回路を完全にソリッドステート化したことで、小型・軽量（重量290kg）化を実現しました。アンテナは機械式首振り型で、62×70cmの楕円形をしています。このアンテナも、それ以前のタイプが直径76cmの円形だったので小型化されています。機能としては空中および地上の目標探知、目標情報の表示、選択した目標の自動追跡、目標に対するミサイル発射ゾーンへの航空機ステアリング情報の表示、ミサイル発射に必要なパラメーターの準備とチェック、スパロー・ミサイルを誘導するための変調した継続波による目標の照射、スパロー・ミサイルの発射制御、計算による距離の測定、空対地マッピング、ビーコン探知などがあります。

F-4E、F-4EJともにレーダーの捜索距離を5海里（9.26km※）から200海里（370.4km）の間の6段階で切り替えることができ、空中目標の追跡やロックオンでは5海里、10海里（18.52km）、25海里（46.3km）、50海里（92.6km）のいずれかが使用されます。また、通常の戦闘機程度の大きさの目標（レーダー反射断面積5m²）であれば40海里（74.08km）程度で捕捉でき、30海里（55.56km）で照準が可能とされています。また新しい機能として、下方を捜索した際に地上からの反射雑音（グラウンド・クラッター）を取り除いて、飛行している目標だけをピックアップできる**コヒーレント受信ドップラー・システム**が開発されましたが、実用性は低く、あまり使われなかったようです。

※1海里＝1.852kmで計算。

F-4EJの機首内部にはAN/APQ-120レーダーが収められている。ソリッドステート回路を用いた当時の最新技術レーダーである

AN/APQ-120レーダーのアンテナ。パラボラ・アンテナによるコニカル・スキャン（円錐走査）により目標を捉えるもので、常に円錐の中央に目標が入るようにアンテナが動く

1-08 F-4E/EJのコクピット
― 8方位・3段階の強度レベルで警報を出す

アメリカ空軍向けのF-4はF-4C、D、Eと発展しましたが、基本的にコクピットに大きな変更はありません。もちろんグラス・コクピットではなく通常形式の計器類が用いられています。前席は主計器盤中央上に円形のレーダー・スコープがあり、その上に光学式照準器(F-4EではAN/ASG-23)があります。

主計器盤は、いわゆる**T字形計器配置**で、中央には上下に姿勢儀と水平状況指示計が並び、姿勢儀の左に対気速度およびマッハ指示計、その左に電波高度計があります。姿勢儀の右には、上から気圧高度計、昇降計、時計が並んでいます。左パネルの下側には左にミサイル状況パネルがあり、その内側には縦に予備の姿勢儀と荷重計が並び、その下側にはミサイル操作パネル、爆弾操作パネルがあります。右列では時計の下に航法機能選択パネルがあって、その右側にはエンジン関連計器(上から燃料流量計、回転計、排気ガス温度計、排気口位置指示計)が縦に並んでいます。F-4は双発機なので、これらは2列になって並んでいます。

操縦桿はパイロットの正面中央に、スロットル・レバーは左脇のコンソールに配置されています。後席コクピットは、光学式照準器がない以外、前席とほぼ同じです。F-4EJも、もちろん同様です。前席・後席ともに主計器盤の向かって右上に**レーダー警戒受信機**の表示装置が付けられています。これもタイプによって異なりますが、F-4EJでは国産のJ/APR-2のものになっています。次ページの図のように、脅威電波の到達を8方位で3段階の強度レベルによって検出して知らせるもので、F-104JのJ/APR-1がパルス音のみで警報を出していたのに比べると大きく進歩しました。

F-4EJの前席コクピット。計器盤中央上に円形のレーダー・スコープがある。右上はJ/APR-2レーダー警戒受信機の表示装置。右脇に示したのがその表示画面である

火器管制システムと光学式照準器
― AIM-9発射時は先端のシーカーを冷却する

F-4Eのレーダー火器管制システムは、AIM-7スパローとAIM-9サイドワインダーによる空対空戦闘機能と、各種の空対地兵器による対地攻撃機能を有しています。空対空ミサイルの発射要件については、**デジタル式走査コンバーター・グループ**(DSCG※)に示されます。火器管制システムの基本的な機能はミサイルを発射するための制御と誘導で、ミサイル補助グループとミサイル発射回路の二つのサブシステムで構成されています。

AIM-7による交戦時には、火器管制システムが自動あるいは手動でミサイルの誘導に使用する継続波を生成・照射して、目標の捜索と追跡を行うとともに、その情報をレーダー・スコープに表示します。

AIM-9の場合は、まずHEAT REJECT(熱冷まし)スイッチにより、先端にあるシーカーの冷却を行います。先端部は飛行中に摩擦で熱を帯びており、この熱が目標となる熱源の感知を妨げるため、まず**シーカーの前方を冷却して、よりはっきりと温度差を検出できるようにする**のです。シーカーが冷却されて目標の熱源を捉えると「ジー」というブザー音が聞こえるようになります。

AIM-7の場合は、発射するミサイルを兵装操作パネルで選択し、指定します。AIM-9の場合は自動モードも用意されていて、この場合には左外側、右外側、左内側、右内側の順で発射されます。

AN/ASG-23光学式照準器は、空対空戦闘と空対地攻撃の双方において、兵装を発射するための目視照準の参照となる情報を表示します。表示モードには、空対空、空対地、目標指示があり、ほかにスタンバイとテストの機能があります。

※DSCG：Digital Scan Converter Group

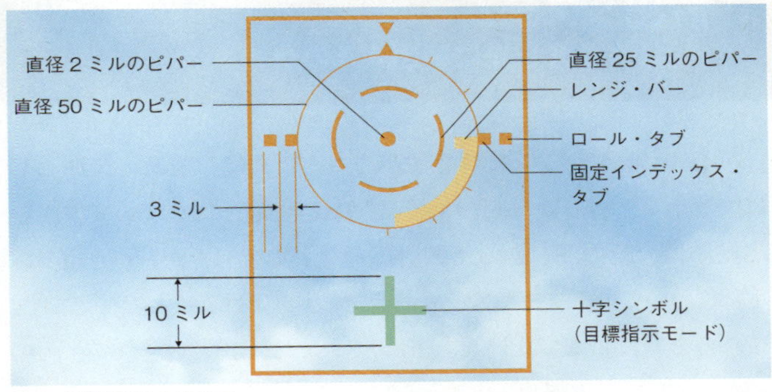

ピパーは照準器上の命中点

アメリカ空軍のF-4Eの前席コクピット。レーダー警戒受信機の表示装置以外は、基本的にF-4EJと同じである。⬇で示したのはAN/ASG-23光学式照準器で、上はその表示例。ピパーは照準器上の命中点で、ミルは射撃照準で使われる単位。1km先にある幅1mが約1ミル

写真提供：アメリカ空軍

1-10 脱出システム
— なぜ後席を先に射出するのか？

F-4Eは緊急時に搭乗員を脱出させるために、前席、後席ともにマーチン・ベーカー製の**MK-H7射出座席**を備えています。脱出操作は、股の間にある下側射出ハンドルを引くか、ヘッドレスト部に付いているフェイス・カーテンを引き下げることで行えます。これらを一段目まで引くと脱出シークェンスが開始されて、両席のキャノピーが火薬カートリッジで吹き飛ばされます。

脱出シークェンスには、①前席操作による両席射出、②後席操作による両席脱出、③後席操作による後席のみの射出、の3パターンが用意されています。両席射出は、どちらの場合も後席が先に射出されるようになっていて、操作から約0.54秒後に後席のロケット・モーターが点火され、その約1.39秒後に前席のロケット・モーターが点火します。

後席を先に射出するのは、**前席のロケット・モーターの排気で後席搭乗員が焼死しないようにするため**です。③のシークェンスは何らかの事情で前席が脱出できなかったとき、後席搭乗員だけでも救うために設けられています。

座席が射出されて約0.75秒が経過すると、まず直径51cmの抽出傘が引き出されます。それにより直径1.52mの主傘が開傘して、座席の落下速度を落とします。高高度で脱出した場合、主傘が開傘して高度3,500～4,400mまで降下すると搭乗員が座席から解放されます。その際に搭乗員用パラシュートが開いて、それにより独立して降下します。低高度で脱出が行われた場合には、射出から約2.25秒後にパイロットの解放機構が作動します。もちろん、パイロットは万が一のために自分で開く予備傘も装着しています。

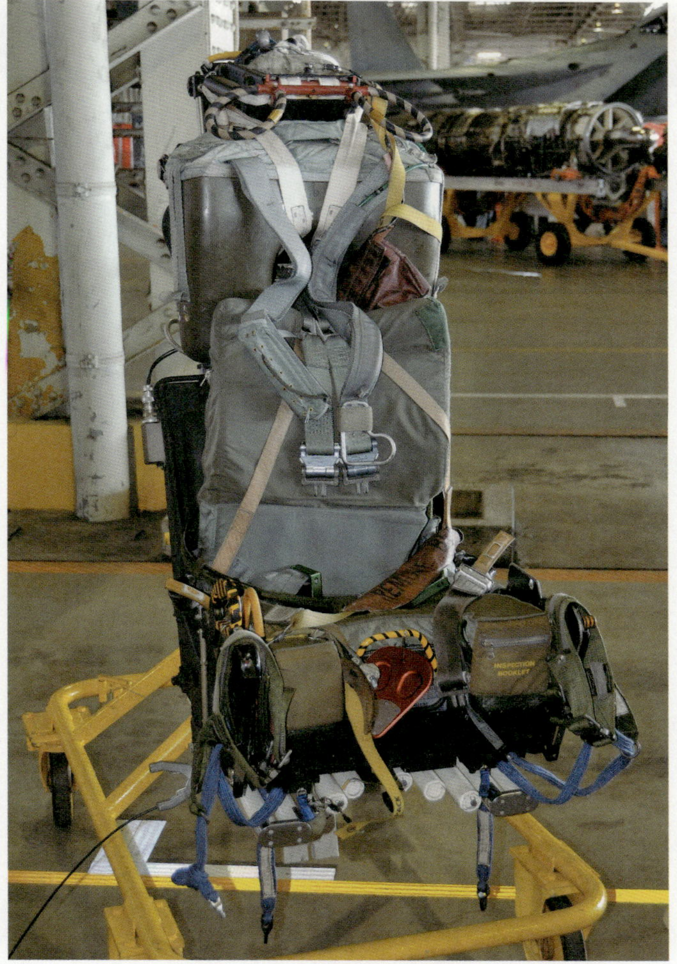

F-4EJ改に装備されているマーチン・ベーカーMK-H7射出座席。F-4EJから変更されていない。前席と後席は完全に同じものが装備されていて、前席用、後席用の区別はない

1-11 飛行操縦システム① 概要
— 自動操縦装置も備えている

F-4の飛行操縦装置は通常の油圧（作動油圧は20.69MPa）による機械式システムです、一次飛行操縦翼面は水平安定板、ラダー、エルロン、スポイラーで、二次飛行操縦翼面は主翼前縁と後縁のフラップ（F-4Sと一部のF-4Eでは前縁はスラット）、主翼内翼部下にあるスピード・ブレーキで構成されます。ピッチ操縦は全遊動式の水平安定板、ヨー操縦は垂直安定板後縁のラダー、ロール操縦は主翼後縁外側のエルロンと主翼上面のスポイラー（片側2枚）で行われ、ピッチ操縦とロール操縦には操縦桿を、ヨー操縦にはラダー・ペダルを使う一般的な操縦システムです。

自動飛行操縦装置（AFCS[※1]。F-4EではAN/ASA-32）も備わり、**安定増強モード**と**AFCSモード**が設けられています。前者は3軸すべての動きを感知して、正常な飛行姿勢からの逸脱を打ち消す方向の信号を各舵面に送ることで、逸脱を回避するものです。AFCSを使用していない手動操縦時でも、コクピット内のスイッチを押すことで機能させることができます。AFCSモードは、その作動範囲内に設定された方位および姿勢を維持し、それから外れるような動きがあった場合に自動修正します。また高度維持モードを加えると、設定した飛行高度を維持するよう機能します。

F-4の飛行操縦システムにはまた、エルロン・ラダー・インターコネクト（ARI[※2]）と呼ぶ機能も組み込まれています。これは低速で旋回する際にエルロンの舵角に応じて適切なラダー舵角を与える機能で、AFCSがいずれかのモードになっている場合は最大で15度、安定増強機能を切ると最大で10度のラダー舵角により、安定した旋回を可能にするものです。

※1　AFCS：Automatic Flight Control System
※2　ARI：Aileron Rudder Interconnect

フラップ前方の主翼上面にあるスポイラーを立てて飛行する第301飛行隊のF-4EJ改。主翼後縁外側にあるエルロンとの組み合わせで、ロール操縦に使用される

フラップを下げ位置にして離陸滑走を開始する第301飛行隊所属のF-4EJ改。F-4には境界層制御システム（次項参照）があり、エンジンから取り出した高温・高速の空気をフラップの上面に吹き付けて、良好な離着陸性能を得ている

1-12 飛行操縦システム② 境界層制御システム
— 乱流や抗力を減少させる

F-4SとF-4Eの後期生産機を除く各タイプは、主翼前縁と後縁にフラップがあり（フラップのないタイプはスラット）、後縁は内翼部のみ、前縁は内翼部と外翼部で2分割されています。このフラップ（スラット）に対してF-4では、左右双方のエンジンの17段目圧縮機から抽出した高圧空気を吹き付ける**境界層制御（BLC※）システム**と呼ぶ機能が備えられています。

このため主翼内の両フラップ（または前縁スラット）に沿って**ダクト**が設けられており、そのダクトに隙間を空けています。フラップ（スラット）が下がってその隙間部分が十分に外に現れたとき、抽出空気による層流の空気流が主翼およびフラップの上面に吹き付けられます。これにより高温・高速の空気流が吹き付けられ、翼面から気流の剥離が起こるのを遅らせ、乱流や抗力を減少させる効果を得られるのです。その結果、失速速度や着陸進入速度を低下させることが可能になります。なお、BLC操作のための専用のスイッチ類はありません。フラップ・スイッチがその役目を果たします。フラップ・スイッチを$\frac{1}{2}$下げにした場合、前縁フラップ（スラット）のみにBLCが機能し、完全下げ位置にすると前縁と後縁の双方でBLCが機能します。

このほかにも、左右主翼内翼部下面には前方ヒンジ式のスピード・ブレーキがあり、スロットル・レバーにあるスイッチの操作により、電動的な制御で油圧系統が作動します。スイッチは3位置で、「上げ」と「下げ」のほかに「停止位置」があり、停止位置にすると任意の下げ角にスピード・ブレーキを開いて、その位置で停止させることができます。

※BLC：Boundary Layer Control

主翼前縁と後縁のフラップを下げて、着陸のための最終旋回に入った第301飛行隊のF-4EJ改。航空自衛隊のF-4EJ/EJ改も、主翼の折りたたみ機構はそのまま残されている

最終着陸態勢に入った第301飛行隊のF-4EJ改。境界層制御システムによりF-4は着陸進入速度の低速化を実現しており、これは艦上戦闘機にとっては非常に重要なことであった。条件がよければF-4Bは進入速度130ノット(241km/h)、降下率毎分約700フィート(213m)で空母に着艦することができた

1-13 F-4Eの主翼
― 折りたたみ機構は変更せず

F-4の主翼は前縁で52度、翼弦長の25%の位置で45度の後退角を有しています。付け根から4.21mのところに折りたたみ部があり、そこを境に内翼部と外翼部に分かれています。主翼は胴体にはほぼ水平に取り付けられていますが、外翼部では上に傾ける上反角(12度)が付けられています。また、外翼部のほうが約10%翼弦長が長いため、境目には外翼部が出っ張る形で段差があり

ます。これは**ドッグ・ツース（犬の歯）**と呼ばれていて、空戦時の機動性を高めるなどの役割を果たします。

主翼の折りたたみ機構は、狭い空母の甲板を効果的に活用するのに必要なもので、多くの艦上機に備わっています。陸上基地でそのようなスペースの制限はないので、空軍機にとっては不要ですし、そのメカニズムのための重量増加もデメリットになります。しかしアメリカ空軍は、この海軍機専用の装備をそのまま残しました。折りたたみ機構を外すことは簡単ですが、設計が変更されるため追加で確認試験が必要となり、製造工程もわずかですが変更となるので、コストが上昇する、というのが大きな理由でした。

また、空母から運用される海軍の艦上戦闘機と、陸上基地を拠点とする空軍の戦闘機では、特に機体の強度などで要求が大きく異なっています。一般的にいえば**艦上機のほうがより高い強度が求められて重量が増加**してしまいます。F-4も同様でしたが、アメリカ空軍は多くの部分を艦上機のままとしました。なお、主翼の折りたたみは油圧により行われ、この機構はF-4EJにも、もちろん付いています。

F-4の主翼は25％翼弦で45度の後退角を有し、前縁の外翼部と内翼部の境目にはドッグ・ツースと呼ばれる切り欠きがある。外翼部には12度の上反角が付けられている

1-14 尾翼と制動装置
— 水平安定板に大きな下反角が付けられているワケ

F-4の尾翼は、きつい後退角を持つ比較的大面積の垂直安定板1枚と、左右が一体となって動く全遊動式水平安定板の組み合わせです。水平安定板には23度25分という大きな下反角が付けられていますが、これは**F-4の垂直安定板が機体全体に比べて背が低く十分な方向安定性が得られなかったため、それを補うためにとられた措置**です。

またF-4Eでは、水平安定板前縁に**固定式のスラット**が導入されました。その結果、着陸速度が低下して着陸滑走距離を短縮できました。アメリカ海軍もその効果を認めてF-4J/Sで導入しました(一部のRF-4Bでも改修を実施)。

艦上機であるF-4は、後部胴体下面のエンジン排気口中央部に、頑丈な**着艦拘束フック**があって、空母艦上での着艦制動に使用します。空軍戦闘機も緊急着陸時用にこうしたフックは必要ですが、それほど頑丈である必要はありません。ただアメリカ空軍は、主翼折りたたみ機構と同じ理由で、海軍型と同じフックをそのまま使用しています。

胴体最後部には**ドラグシュート(制動傘)**が収容されており、上右にヒンジがあるコーン部を開くことで引き出されて開傘し、着陸時の制動に使用します。ドラグシュートの直径は4.88mで、傘には切り込みによる隙間が入れられています。着艦時にドラグシュートは使用しませんが、海軍機が陸上基地を使うことも少なくないため、すべてのタイプで装備されています。また飛行中にスピンに陥った際に開傘してスピン回復シュートとして使用することも可能です。

F-4の尾翼は、比較的大面積の垂直安定板と、23度25分の下反角を持ち、左右一体で作動する全遊動式の水平安定板で構成されている

後部胴体下面の制動フックを下げて飛行する、第302飛行隊のF-4EJ改。緊急着陸時に使用するものだが、海軍仕様の頑丈な着艦拘束フックがそのまま使われている

直径4.88mのドラグシュートを開いて制動するF-4EJ改。飛行中にスピンに陥った際の姿勢・操縦回復に使用することもできる

1-15 F-4Eの飛行性能
— 高度40,000ft以上でマッハ2を実現

F-4の最大速度や各種性能はタイプによって異なります。F-4Eの場合、通常の運用最大速度は高度40,000ft（12,192m）以上であればマッハ2（カタログ上はマッハ2.23）、高度30,000ft（9,144m）ではマッハ1.8〜1.9です。それより高度が下がると速度も低下しますが、超低空飛行でもマッハ1.2を超す速度を出すことが可能です。

これはもちろんアフターバーナーを使用した場合の値で、機体の形態は機外に何も搭載しないクリーン形態か、半埋め込み式ステーションにのみAIM-7を搭載した形態においてです。機外搭載品が増えれば当然、最大速度はより低下します。

AIM-7のみを搭載した状態での飛行荷重制限は、高度5,000ft（1,524m）だと最大値で＋8.4G/－3Gです。＋8.4Gは飛行速度380〜430ノット（704〜796km/h）までで可能となり、それより高速になると最大荷重値は下がり、650ノット（1,034km/h）以上では＋6.4Gになります。また、飛行速度が240ノット（444km/h）以上であれば－3Gをかけることが可能です。

これが高度20,000ft（6,096m）では、速度370ノット（685km/h）で＋8G、30,000ft（9,144m）では465ノット（861km/h）で＋7.2G、高度40,000ft（12,192m）では360ノット（667km/h）で＋5.8Gが最大荷重制限になっています。－Gは、－3Gが最大ですが、高度40,000ft（12,192m）以上では－2G程度に制限されます。

航続距離や戦闘行動半径は、搭載品や飛行任務によってさまざまに変化するので、ここではF-4Eの代表的な戦闘行動半径のみを記しておきます。F-4Eの標準的な戦闘行動半径は、防御的対航空戦で430海里（796km）、阻止攻撃で618海里（1,145km）、

迎撃で684海里（1,267km）です。また、空中給油なしのフェリー航続距離は1,720海里（3,185km）とされています。

主翼下にAIM-9Lサイドワインダーだけを搭載して編隊飛行を行う第302飛行隊のF-4EJ改。F-4が装備するJ79エンジンはターボジェットで、今日のターボファン・エンジンよりは燃費率で劣る。このためF-4は、増槽を携行しない形態だと、戦闘行動半径が格段に小さくなるという問題を有している

1-16 F-4Eのデータ
— スペック一覧

アメリカ空軍のF-4Eの基本諸元は下記のとおりです。基本的にF-4EJもこれに準じます。

寸度

全幅	11.71m/8.41m(主翼折りたたみ時)
全長	19.20m
全高	5.00m
ホイールトラック	5.46m
主翼面積	49.2m^2

重量

空虚重量	13,757kg
運用自重	14,483kg
運用総重量	24,521kg
最大離陸重量	28,179kg
最大着陸重量	16,707kg
兵装類機外最大搭載重量	8,460kg

エンジン

ジェネラル・エレクトリックJ79-GE-17
ドライ時最大推力52.8kN×2
アフターバーナー使用時最大推力79.7kN×2

燃料容量

機内合計　7,393L
増槽×3(主翼下のものが1本1,400L、胴体下のものが2,271L)
最大燃料搭載量　12,464L

性能

最大速度	マッハ2.23(カタログ値)、マッハ2.14(最適高度)、マッハ1.2(低高度)
巡航速度	937km/h
実用上昇限度	16,673m(ズーム上昇時)
海面上昇率	12,588m/min

戦闘行動半径

防御的対航空戦	796km
阻止攻撃	1,145km
迎撃	1,267km
航続距離	3,185km（無給油、フェリー）
離陸滑走路長	1,369m（重量24,410kg）
着陸滑走路長	1,122m（重量16,707kg）

荷重制限

+8.4G/−3G（最適条件における最大荷重）

乗員

2名

F-4EJ改の後席コクピット。F-4EJ改のコクピット解説と前席の写真は**2-04**を参照してほしい

1-17 F-4EJの搭載兵器①
— AIM-4ファルコン

ここから少し、F-4EJの主要搭載兵器について見ていきます。これらはもちろん、F-4EJ改でも搭載が可能ですが、F-4EJ改の搭載兵器については次章でまとめるので、ここではF-4EJの導入にともない整備された搭載兵器を記していきます。

AIM-4ファルコンは1946年にアメリカで、名称「GAR-1」として開発が開始され、1956年に就役を開始した空対空ミサイルです。比較的太い胴体の後半部に4枚のデルタ翼を備え、その後部に操舵翼があります。最初の生産型は、**セミアクティブ・レーダー誘導**のGAR-1(AIM-4)で、続いて運動性を高めたGAR-1D(AIM-4A)が作られ、さらに改良型が製造されました。また、赤外線誘導型のGAR-2(AIM-4B)も作られて、こちらもシーカー感度の向上などの改良が行われました。航空自衛隊が導入したのは、赤外線誘導の改良型である**AIM-4D(GAR-2B)**でした。

赤外線シーカーは目標と周囲の温度差を高い感度で検知するためにシーカーを冷却する必要があります。しかしファルコンは、その冷却に要する時間が長かったため、目標を逃がしてしまうことがアメリカで問題になっていました。就役開始は1963年でしたが、新しい赤外線誘導空対空ミサイルとしてサイドワインダーが開発されると急速に退役が進み、アメリカでは1973年には第一線から姿を消しています。日本でも使用期間は短く、F-4EJが搭載している写真はあまり見られません。

また日本では、三菱重工業がAIM-4Dを手本にしてXAAM-2空対空ミサイルの開発を行いましたが、航空自衛隊による採用は行われませんでした。

小松基地をタキシングする第6航空団第306飛行隊のF-4EJ。主翼内翼部ステーションにAIM-4D用のLAU-42/Aランチャー・アッセンブリーを装着しており、さらにその最後部にはAN/ALE-40対抗手段散布装置が取り付けられている

1946年に開発が始められたAIM-4ファルコン空対空ミサイル。写真は日本が導入した赤外線誘導型AIM-4Dと同じ誘導方式のAIM-4G。アルファベットの順番は後だが、AIM-4Dよりも先に開発され、AIM-4E/Fと同じ大型弾頭を備えたタイプである　写真提供：アメリカ空軍

1-18 F-4EJの搭載兵器②
― AIM-9サイドワインダー

西側諸国の標準的な赤外線誘導空対空ミサイルが**AIM-9サイドワインダー**です。1950年代に開発が開始され、1956年に最初の量産型AIM-9Bが就役しました。以後、改良が続けられ、現在も最新型であるAIM-9Xが製造されているという息の長いミサイルです。細長い本体の最先端に赤外線シーカーがあり、その直後にある全遊動式のカナード翼で飛翔を制御します。最後部のフィンには**ローレロン**と呼ばれる歯車のようなものがあり、飛翔中のミサイルの姿勢を安定させる働きをします。

航空自衛隊最初のジェット戦闘機であるノースアメリカンF-86FセイバーでAIM-9Bを導入し、続いて導入されたロッキードF-104スターファイターではAIM-9Bのカナード翼をわずかに大きくし、赤外線シーカーやロケット・モーターに改良を加えたAIM-9Eが併せて調達されました。

アメリカ空軍向けのサイドワインダーで、さらに運動性を向上させるとともに、

発射時の戦闘機の飛行荷重をより高める（空戦機動を行いながらの発射が可能）などした発展型がAIM-9Jで、カナード翼の前縁が二重後退角になったのが外形上の大きな特徴です。AIM-9Jの輸出型がAIM-9Pで、信管の変更や排気の出ないロケット・モーターの使用、発射可能範囲の拡大など段階的に改良が加えられて、AIM-9P1からP5の5タイプが作られました。航空自衛隊ではF-4EJ用として**AIM-9P3**を導入し、F-104Jもその就役後期にはAIM-9Eに代えて搭載しました。また国産の支援戦闘機三菱F-1も、AIM-9EとともにAIM-9P3を運用していました。

主翼下にAIM-9P3を搭載した第301飛行隊のF-4EJ。F-4EJ用のサイドワインダーとしては、まずAIM-9Eが導入され、続いてAIM-9Jをベースにした輸出専用型AIM-9Pが購入された。AIM-9Pには5種類あって、その中でAIM-9P2とP3はシーカーの感度の向上と誘導電子機器の改良が行われたタイプである。信管にはアクティブ式光学信管が用いられた。ロケット・モーターも新しくなっている。最終タイプとなったP5では、赤外線対抗手段に対する耐性が高められた

1-19 F-4EJの搭載兵器③ ― AIM-7スパロー

AIM-7スパローは先端に小型の受信レーダーを備えた、AIM-9サイドワインダーよりも大型の空対空ミサイルです。レーダーが捉えた目標から反射してくる電波を捉え、それに向かって飛翔するセミアクティブ・レーダーと呼ばれる誘導方式が使われています。このためミサイルの発射機は、命中するまで目標を捉え続けていなければなりません。しかしその一方で、目標を目視できていなくてもレーダーが捉えていれば、ロックオンと発射が可能

になり、視程外の距離にいる目標と交戦できます。

これは夜間や悪天候など視界や視程が限られている場合でも同様で、F-4のように高性能のレーダーとスパローを組み合わせたような戦闘機を**全天候戦闘機**といいます。レーダーを搭載して夜間でも戦闘が行える夜間戦闘機がもともとは全天候戦闘機と呼ばれましたが、空対空ミサイルの時代になるとサイドワインダーのようなミサイルだけの運用能力しかないものを**制限天候戦闘機**と呼ぶようになり、レーダー誘導ミサイルの運用ができるものと区別するようになったのです。航空自衛隊もF-4EJの導入によって、本格的な全天候戦闘機の時代に入ったといえます。

スパローの問題の一つは空対空ミサイルとしては大型で、普通に搭載してしまうと飛行中の抵抗が大きくなり、速度性能や航続性能、飛行荷重に悪影響を及ぼすことでした。そこでF-4では、前部胴体と中央胴体の下面に計4カ所、スパローの形に合わせた半円形の溝を設け、またフィンが入るスリットを付けて、スパローを胴体に密着して搭載できるようにしました。これが**半埋め込み**と呼ばれる搭載方式で、ほとんど抵抗を生じません。

F-4EJとともに初めて導入されたセミアクティブ・レーダー誘導方式の空対空ミサイルであるAIM-7EスパローⅢ。30kmの最大射程を有し、パイロットの視認距離外にある目標でも、レーダーが捉え続けていればそれに対して発射することが可能である。もちろん天候に左右されずに使用することが可能で、F-4EJとAIM-7Eの組み合わせにより、航空自衛隊は全天候戦闘と視程外距離交戦の時代に入った。AIM-7Eの基本諸元は、全長3.66m、弾体直径20.3cm、翼幅0.81m、重量197kg、弾頭重量30kg（連続ロッド弾頭）である

1-20 F-4EJの兵器④
― 機関砲・ロケット弾・爆弾

F-4EJのベースとなったのは、アメリカ空軍の要求で開発された**M61 20mm機関砲**を機首部に装備したF-4Eです。M61は口径20mmの砲身を6本束ねて回転させ、射撃位置にきた1砲身ごとに射撃する**ガトリング式**と呼ばれる機関砲です。「バルカン砲」と呼ばれることもありますが、これはM61を開発したジェネラル・エレクトリックの20mm 6砲身ガトリング式機関砲の製品名称です。M61は1950年代末に実用化されたアメリカ軍の代表的な航空機用機関砲で、F-104も、F-4に替わるアメリカ空軍の主力戦闘機F-15も装備しました。

F-4EJの対地攻撃用兵器の一つが**2.75インチ(70mm)ロケット弾**です。「ハイドラ70」とも呼ばれるこのロケット弾は小翼折りたたみ式の航空機発射ロケット弾(FFAR※)で、F-4EJではポッドに装塡して搭載され、航空自衛隊は19発収容のJ/LAU-3/Aを導入しました。F-86やF-104用に**127mmロケット弾**と、それを4発収めて高速飛行が可能な細身のRL-4ポッドも導入されました。

対地攻撃用の爆弾としては、**750ポンド(340kg)爆弾**も、F-4EJとともに導入されています。第二次世界大戦後の1950年代にアメリカで実用化された、Mk80シリーズの前の通常爆弾で、航空自衛隊向けのものは日本で製造されたことから、日本(Japan)を示して「JM117」と呼ばれています。これらの爆弾やロケット弾による訓練に使用するのが**CBLS-200訓練弾携行装置**で、25ポンド(10.9kg)のBDU-33訓練爆弾と、70mmロケット弾4発を装塡できます。127mmロケット弾はF-4EJではほとんど使われず、またRL-4とともに退役済みです。

※FFAR：Folding Fin Aerial Rocket

70mmロケット弾を19発装填できるJ/LAU-3/Aロケット弾ランチャー

750ポンド（340kg）のM117爆弾を国産化したJM117。ダミー（模擬）弾で、昭和57（1982）年に作られたことが記されている

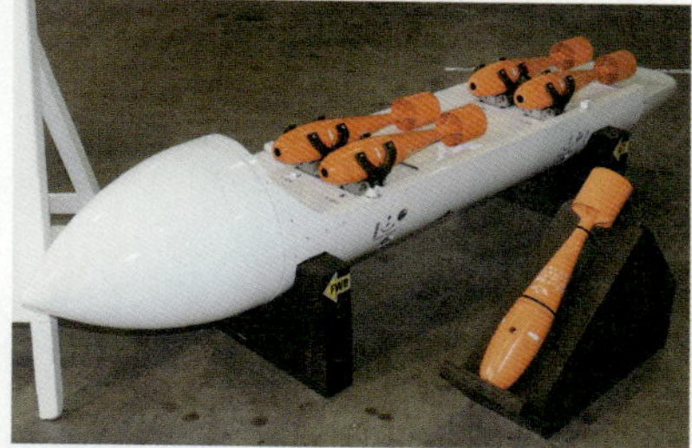

25ポンド（11.3kg）の爆弾訓練弾BDU-33/B（オレンジ色）と、それを収めるCBLS-200訓練弾ディスペンサー

上と同じCBLS-200訓練弾ディスペンサーだが、両脇に70mmロケット弾を4発ずつ装填でき、爆撃とロケット弾射撃の訓練を一度に行えるタイプ

標的曳航

戦闘機の役割の一つに**射撃訓練用の標的を曳航する**というものがあります。機関砲射撃用や赤外線誘導空対空ミサイル用など、兵器に応じてさまざまなものが使われています。機関砲射撃では、今日、**RMK-35/TDK-39**の組み合わせがよく知られていますが、F-4EJが現役の当時は**A/A-37U-15ダート・ターゲット**が主流でした。その名が示すようにダート（矢）の形をした大型の標的です。搭載したままでは着陸できないので、着陸直前に基地内上空で切り離して落下させ、空いている穴から命中弾を検出しました。

左主翼外側ステーションにA/A-37U-15ダート・ターゲットシステムを装着したF-4EJ。ダート・ターゲットを取り付けられるのはこのステーションだけである

第2章

日本独自のF-4EJ改

日本独自の能力向上改修機であるF-4EJ改。F-4EJ改誕生の背景や改修点の詳細、さらに新たに加わった搭載兵器を探っていきます。

2-01 F-4EJ改計画の発端と開発経緯
— 寿命を2,000時間延長

1982年2月20日、当時の防衛庁はF-4EJの寿命延長と能力向上計画を発表しました。これは1980年に調査を開始していたもので、F-4EJを1990年代以降も効果的な戦闘機として戦力を維持するためでした。この当時、寿命延長策についてはすでにアメリカ空軍で開発されていて、その**航空機構造保全プログラム**（ASIP※）と呼ばれる方式を導入することで、3,000時間だったF-4EJの寿命を2,000時間延長できるようになり、「5,000時間になる」との説明でした。能力向上の理由付けは「運用期間が延びるので、時代の変化に対応した戦闘能力の向上も必要になる」というもので、具体的には中央コンピューターの搭載、レーダー火器管制装置換装、慣性航法装置の変更と爆撃計算機能の復活、コクピット前席へのヘッド・アップ・ディスプレーの装備、レーダー警戒受信機などの搭載電子装備品の更新などでした。

1-02で記したように、F-4EJはその導入時に「能力が高すぎて周辺諸国に不要な警戒感を招きかねない」とされて、射爆撃機能などの一部の能力を低下させました。しかし、今度はそれらを復活させるという計画でしたから、大きな政治問題となりました。なかでも最大の論点となった**爆撃計算機能の復活**について防衛庁は、「中央コンピューターの搭載によって、いったんパイロットが地上の目標を捉えると、直ちにコンピューターが弾道を計算して正確に対象に落下する爆撃を行うことができる。超低空侵入爆撃も可能になる」と説明して理解を得ました。こうして昭和57（1982）年度から試作機を作る予算が認められて作業がスタートし、1984年7月17日に改修初号機（試改修機）が初飛行しました。

※ASIP：Aircraft Structural Integrity Program

F-4EJ改の改修初号機(試改修機)である07-8431。1984年7月17日に改修後の初飛行を行った。写真はその直後の撮影で、三菱重工業による社内飛行試験時のもの。胴体中心線下には、増槽を改造した計測ポッドを搭載している

編隊飛行を行う第301飛行隊のF-4EJ改。奥の67-8384はF-4EJ当時のままの旧塗装で、手前の87-8410は非常に薄い2色のライトブルーに塗られている。この後、このライトブルー塗装がF-4EJ改の標準色になっていった

2-02 F-4EJ改の改修点
— 中央コンピューターやレーダーも変更

前項のF-4EJ改の搭載装備品で、F-4EJから変更があったものをもう少しくわしく見ていきます。中央コンピューターは**J/AYK-1**という高い処理能力を持つデジタル式コンピューターが搭載されて、兵器システムが統合化されました。慣性航法装置は**J/ASN-4**で、基本的にはアメリカ空軍のフェアチャイルドA-10サンダーボルトⅡが搭載しているAN/ASN-141と同等品です。F-4EJのAN/ASN-63慣性航法装置は「1時間飛行すると3海里(5.56km)」という航法誤差精度でしたが、J/ASN-4は高精度のリング・レーザー・ジャイロの使用で誤差が0.8海里(1.48km)に減っています。

機首のレーダーは、F-16ファイティング・ファルコンが装備したウエスチングハウスAN/APG-66に、F-4EJ改で求められた機能を加えるなどした**AN/APG-66J**になりました。空対空機能では捜索距離を10海里(18.5km)、20海里(37.0km)、40海里(74.1km)、80海里(148.2km)の4段階で切り替え可能で、F-16用にはなかった**スパロー空対空ミサイル誘導用の周波数変調継続波照射機能**が加えられています。空対地の機能も大幅に増やされていて、捜索距離の切り替えは空対空機能と同じですが、その表示を拡大する機能も備わっています(レーダーは次項も参照)。

前席の計器盤上部にあった光学式照準器は、ドイツのカイザー社製**KM808ヘッド・アップ・ディスプレー**(HUD※)に変わりました。レーダー警戒受信機が**J/APR-6**になったことでその表示装置も変わり、これもA-10のAN/ALR-44と同等の機能を有していると推察されます。自衛用の装備では**AN/ALE-40対抗手段散布装置**を装備し、コクピットに操作パネルが加えられました。

※HUD：Head-Up Display

ASM-1の模擬弾を搭載して岐阜基地に着陸進入する航空実験団（当時）のF-4EJ改。国内開発した空対艦ミサイルであるASM-1の運用能力を付与することは、F-4EJ改の最重要テーマの一つであった

新田原基地（宮崎県）の列線に並んで出発準備を受けている第301飛行隊のF-4EJ改。整備士が作業を行っている間、パイロットは両手を外に出すなどして、何にも触れていないことを示している。不慮の事故を回避するための重要なシグナルである

2-03 AN/APG-66レーダー
— F-16と同時に研究・開発

1970年代初めにジェネラル・ダイナミックス(現ロッキード・マーチン)がアメリカ空軍向け軽量戦闘機の研究・開発に入ったとき、ウエスチングハウス(現ノースロップ・グラマン)は、それが搭載できる小型・軽量のレーダー火器管制装置WX-200の開発を自社資金でスタートしました。これらは後に実用化されてF-16とAN/APG-66の組み合わせとなったのです。

AN/APG-66は最大探知距離150kmのパルス・ドップラー・レーダーで、前項で記したようにF-16では捜索距離を4段階で切り替えることができます。アンテナは横長の楕円形をしていて、電気モーターで首振り作動を行います。また、アンテナには敵味方識別装置用の3本の棒状アンテナが付いています。

レーダー本体の送信装置は空冷式の進行波管(TWT※)とソリッドステート式のグリッド・パルサー、高圧電源、レギュレーター、保護回路が組み合わされていて、TWTを除けば送信部は完全にソリッドステート化されています。これにデジタル式の信号処理装置が組み合わされて、レーダー雑音(クラッター)の除去をはじめとする各種の処理が行われます。

F-16は段階的に空対空と空対地双方の戦闘能力を高める計画だったので、初期のAN/APG-66にはスパローの運用支援能力がありませんでした。そのためF-4EJ改向けの**AN/APG-66J**には前項のとおりその能力が追加されています。また、対地攻撃用のモードも複数備わっていますが、F-4EJ改では空対艦攻撃用の機能も加えられました。なお、もともとのAN/APG-66にスパローの運用能力を加えたものは、AN/APG-66V(2)と呼ばれています。

※TWT：Traveling Wave Tube

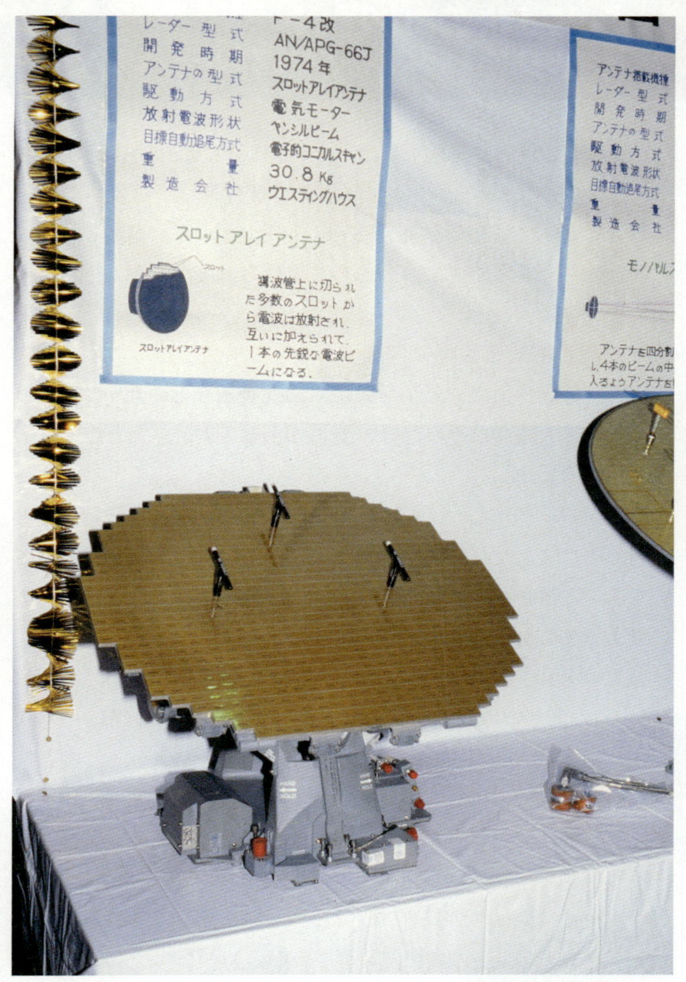

F-4EJ改が装備しているAN/APG-66Jのレーダー・アンテナ。同じAN/APG-66でも、AN/APG-66(V)2は敵味方識別用アンテナが2本だったが、AN/APG-66Jでは3本になっている

2-04 F-4EJ改のコクピット
― HUD（ヘッド・アップ・ディスプレー）を導入

F-4EJ改の前席計器盤上にはカイザー社製KM808 HUDが装備されます。HUDの画面には照準情報や飛行速度、高度、機首方位などの基本的な飛行情報が表示されますが、主計器盤にはそれらのための計器類がF-4EJ当時のまま残されています。これは変更点を可能な限り少なくすることで共通性を確保し、**開発に要する時間と経費を大幅に抑制するための措置**でした。もちろん、レーダー警戒受信機や通信・航法・識別装置などのように搭載機器が変わったものはその部分に変更がありますが、大きな配置の変更はありません。

ただ、レーダー表示装置はF-4EJだと照準器の下に円形のものが付いていましたが、F-4EJ改では四角になり、左上に移動しています。主計器盤左下にある兵装操作パネルも操作しやすいものに変わりました。

後席からの操縦が可能な点はF-4EJ改も同様ですが、後席にはHUDがありません。そのため、**通常型の飛行計器類は不可欠**です。計器類の基本的な配置はF-4EJと同じですが、前席と同様に変更があった機器に関連したものは変わっています。例えばレーダー表示装置は同様に四角になっています。また、後席には左サイドコンソールに兵器オーバーライド・スイッチが、右サイドコンソールにレーダー操作スティックがあり、これによりレーダー・アンテナを上下左右に動かすことができます。

そのほかにも、データリンク操作パネル、航法装置に目的地や経由点を入力する操作・表示ユニットは後席だけにあります。パイロットが座る射出座席は変わっていません。

F-4EJ改の前席コクピット。中央上部にあった光学式照準器とレーダー・スコープはなくなり、計器盤上にHUDが付けられたのが大きな違いである。レーダー表示装置はHUDコントロール・パネルの左脇に移されて四角になった。HUDコントロール・パネルの右脇にある円形の画面はJ/APR-6レーダー警戒受信機の表示装置。後席コクピットは1-16を参照

2-05 HUDとスロットル
— ホタス(HOTAS)を導入

前項で記したとおりF-4EJ改の前席主計器盤上には、光学式照準器に替えてカイザー社製KM808 HUDが装備されました。F-15JのAN/AVQ-20に比べると、横長で大面積の画面が使われており、広視野型HUDと呼ばれるものになっています。HUDはその画面上に照準情報や飛行情報等を映し出すもので、これによりパイロットは戦闘中に目標照準を行いながら各種の飛行情報も得られ、飛行情報を求めるために頭を下げて視線を計器盤にやる必要がなくなりました。これが「ヘッド・アップ」の由来です。

次ページにF-4EJ改のHUDに示される姿勢儀モードでの基本飛行情報の例を示します。この中にあるベロシティ・ベクターとは機体の飛行方向を示すシンボルです。HUD画面の基部には小型のビデオ・カメラがあり、画面を録画して飛行後のデブリーフィングなどで使用できるようにされています。

近年の戦闘機では、右手で操縦桿を、左手でスロットル・レバーを握ったまま各種の操作が行えるようになっています。こうした操作概念がホタス(HOTAS※)と呼ばれるもので、F-4EJ改でも導入されることになりました。このためスロットル・レバーのグリップ部は完全に設計が変更されてスイッチ類が追加されています。そのスイッチと操作できる機能は次ページに示したとおりです。ただ、操縦桿はF-4EJのものがそのまま使われているので、操縦桿で行える操作は変わっていません。録画はレーダー表示装置についても行うことが可能です。録画操作パネルは前席と後席の双方にあって、いずれかで操作するとHUDとレーダー表示装置の両方が録画されます。

※HOTAS：Hands-On Throttle & Stick

図　F-4EJ改のヘッド・アップ・ディスプレーの表示例

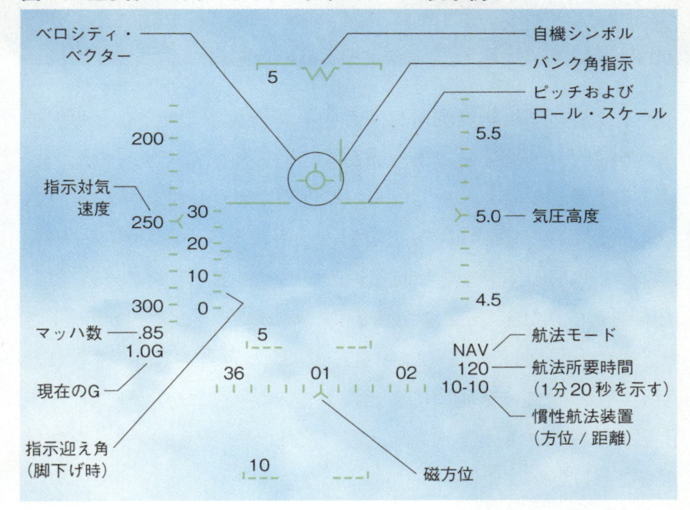

図　F-4EJ改のスロットル・レバーに付いているスイッチ類とその機能

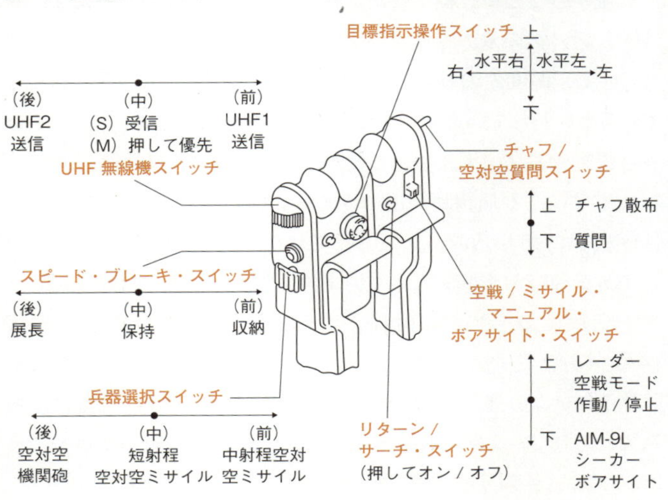

2-06 F-4EJ改の兵器①
— AAM-3とAIM-7F

F-4EJ改の空対空戦闘用兵装が中射程空対空ミサイルと短射程空対空ミサイル各4発であることはF-4EJと同じです。ただ、搭載するミサイルはより新しいものに変更されていて、中射程はスパローで変わらないものの、F-15JとともにTo導入された**AIM-7F/M**になり、短射程もF-15Jと同じAIM-9Lサイドワインダーを経て、国内開発された**90式空対空誘導弾（AAM-3）**へとアップデートされました。AIM-7F/Mは、F-4EJの導入とともに装備されたAIM-7Eの改良・発展型で、誘導装置を完全にソリッドステート化し、弾頭は大型化して、より強力なロケット・モーターを装備するなどしたものです。

国内開発したAAM-3はAIM-9L以上のシーカー感度と運動性を実現することが目標でした。このため先端のシーカーには、赤外線と紫外線の双方を捉える**2色シーカー**と呼ばれるものが使われていて、温度差の検知・追跡能力がAIM-9Lよりさらに高まっているといわれています。また先端のドーム部が大きく、シーカーの視野が拡大されていることがうかがえます。運動性の向上は本体先方にある飛翔制御用のカナード翼の形状に現れています。付け根部に切り込みが入れられており、本体との間に大きな隙間がある独特の形状になっています。なお、日本では**オフボアサイト交戦能力**を持つ短射程ミサイルとして**04式空対空誘導弾（AAM-5）**も実用化されていますが、F-4EJ改にヘルメット装着式照準システムの運用能力がないので、F-4EJ改の運用兵器には組み入れられていません。同様に、撃ちっ放し式中射程空対空ミサイルの**99式空対空誘導弾（AAM-4）**も運用できません。

AIM-9LとAIM-7M各4発を搭載して着陸する第301飛行隊のF-4EJ改。F-4EJ改は、短射程空対空ミサイルにおいて、まずF-15用に導入したAIM-9Lの運用能力が持たされ、さらに国産のAAM-3も搭載可能兵器として統合化された

中射程の空対空ミサイルAIM-7M（右）と短射程の空対空ミサイルAAM-3（左）。カナード翼の形状や操舵面の動き方の違いが左隣のAIM-9Lと比較するとよくわかる

2-07 F-4EJ改の兵器②
— ASM-1とASM-2

F-4EJ改の計画が立てられた当初から、一時的に支援戦闘機の数が不足する可能性があると考えられていたため、F-4EJ改には**支援戦闘機として運用できる能力**も持たされることになりました。それを端的に示すのが空対艦ミサイルの運用能力の付与で、まず**80式空対艦誘導弾（ASM-1）**が搭載兵器に組み入れられました。ASM-1は搭載機の航法装置から目標の座標が入力されて発射されると海面すれすれまで落下し、続いて電波高度計によりその高度を維持して飛翔を続けます。一定距離まで目標に接近すると、先端に搭載しているレーダーが作動を開始して目標を捜索、捉えた中で反射の大きいところ（通常は艦橋付近）に命中します。

このASM-1に続いて国内開発された発展型が**93式空対艦誘導弾（ASM-2）**です。最大の改良点は推進装置をロケット・モーターからターボジェットに変更したことです。これによりASM-1では約50kmだった最大射程が、約110kmに延びました。さらに、最終段階での誘導システムが赤外線画像方式および画像処理（IR-CCD※）に変更されています。これにより熱源を感知し、さらにそれを画像として認識できるようになり、目標の検出能力を高めることができました。また、レーダー・システムの大きな弱点である、**チャフなどの敵の電子妨害手段の影響を受けずに済む**ようになりました。ASM-2は、F-4EJ改が実際に支援戦闘部隊である第8飛行隊で運用されるようになってから搭載兵器に追加されました。

F-4EJのASM-1/-2の最大搭載数は、左右主翼下ステーションへの各1発ずつだけで、またASM-1/-2を搭載すると短射程空対空ミサイルは物理的に搭載できません。

※IR-CCD：InfraRed-Charge Coupled Device

主翼下にASM-2空対艦ミサイルのダミー弾を搭載した第302飛行隊のF-4EJ改。第302飛行隊は要撃戦闘機飛行隊であり、ダミー弾とはいえASM-2を搭載するのは極めて珍しい

国産の支援戦闘機三菱F-1と並行して開発され、支援戦闘機の対艦攻撃兵器システムとして完成されたASM-1対艦ミサイル。続いて推進装置をターボジェットに変更するなどしたASM-2も開発され、F-4EJ改でも使用できるようになった

2-08 F-4EJ改の兵器③ — Mk82用GCS-1

1980年代に防衛庁(当時)が開発した**通常爆弾用の誘導キットがGCS-1**です。航空自衛隊が保有するJM117 340kgとMk82 500ポンド(227kg)の2種の爆弾に取り付けられるようにしたものです。Mk82用がⅠ型、JM117用がⅡ型と呼ばれますが、弾体の大きさや重量の違いに応じて前方部の操舵翼の形が異なるなどの細かな違いがあるだけで、基本的な誘導装置やそのメカニズムは同じです。なおJM117の退役時期が迫っていたため、制式装備されたのはⅠ型だけでした。

赤外線方式の誘導爆弾は世界的にも珍しいものですが、これは、「世界的に広く用いられているレーザー誘導にするなら国内開発の意味がなく、購入したほうがよい」などの意見があり、国内開発を推進する目的からも「主流ではない赤外線誘導方式をあえて採用した」ということです。命中精度などについてはまったく明らかにされていませんが、やはりレーザー誘導方式よりは劣ると考えられ、特に地上目標については目標がよほどの高温の熱を発していない限り、ピンポイント精度は望めないでしょう。ただ、洋上での使用であれば、海水面と艦船の温度差の検出は比較的容易でしょうから、一定の命中精度は期待できます。

赤外線誘導方式の大きな利点は、シーカーが単独で目標を捉えるという点にあります。そのため、別の装置(例えば機外搭載ポッド)で目標を指示する必要がありません。これにより**貴重な機外搭載ステーションを塞がずに済む**ので、兵装や増槽などをフルに携行できるようになります。GCS-1の制式名称は**91式爆弾用誘導装置**です。搭載数や方式はMk82に準じます。

GCS-1誘導爆弾キットを付けたMk82 500ポンド（227kg）爆弾のダミー弾。先端に操舵用の全遊動式フィンが4枚ある。最後部のフィンは投下後に開いて面積を増し、落下飛翔を安定化させる

GCS-1の先端部（手前）。赤外線シーカーが収められ、半球形のフッ化ガラス製カバーが付いている。写真奥はJM117用の先端部。操舵用フィンの形状がまったく異なっていることがわかる

2-09 F-4EJとEJ改のECMポッド
— J/ALQ-6とAN/ALQ-131

レーダーをはじめとする各種の電子機器は急速な発展を遂げ、航空作戦を遂行するうえで不可欠なものになりましたが、一方で作戦機の生存性を脅かす存在にもなりました。そこで誕生したのが**電子妨害技術（ECM※）**です。レーダーに対するECMでは電磁波の雑音を浴びせるなどして、表示から存在を読み取れないようにするなどの手法が開発され、戦闘機はそうした機能を収めたポッドを携行するようになったのです。

ECMはどの国でも極めて高度な機密扱いなので、各国が装置を独自開発することになります。日本ではじめて戦闘機用のECMポッドとして開発されたのがF-104J用の**J/ALQ-4**でした。大量に装備するものでもないため、ケースに195ガロン（738L）増槽を使った、かなり大型のものでした。F-4EJ用に開発されたのが**J/ALQ-6**です。ケースを流用したのは同じですが、MXU-648/Aトラベル・ポッドを用いたので、かなりの小型化ができています。1980年代にはRF-4E（次章参照）用としてアメリカから**AN/ALQ-131**を購入しました。このポッドは本体部が5つのモジュールで構成されていて、それぞれが異なった周波数帯に対応するので、作戦行動やその目的、状況に応じて組み合わせを変更できるという特徴があります。1970年代末期、当時のECMポッドとしては極めて高い能力を有し、F-16やA-10などのアメリカ空軍作戦機の標準装備品になりました。一方で大型で重いという難点があり、細身で軽量のAN/ALQ-184が実用化されると急速に退役が進みました。航空自衛隊はAN/ALQ-131を、RF-4E用に続いてF-4EJ改用としても導入し、F-4EJ改ではJ/ALQ-6は使用されていません。

※ECM：Electronic Counter Measures

F-4EJ用のECMポッドとして開発・実用化されたJ/ALQ-6。比較的コンパクトにまとめられている。とはいえ、この重量を使用するには機体側にも改修が必要で、搭載できたのはごく限られた機体であった。またF-4EJ改は搭載しない

アメリカ空軍の戦術機用標準ECMポッドの一つであるAN/ALQ-131。航空自衛隊では、まず偵察航空隊のRF-4E用として少数を購入し、その後F-4EJ改用のECMポッドとして追加購入した。F-4EJ改は通常、左前方のスパロー用ステーションにこのポッドを装着する

F-4EJ改の後継機はF-35A

F-4EJ改の運用が長期にわたるなか、日本政府は防衛省の具申を受けて2011年12月20日に、その後継機を**ロッキード・マーチンF-35Aに決定**しました。現時点では「2個飛行隊分」などとして42機を導入する予定です。その初号機はアメリカで製造されて、2016年中期に完成し、航空自衛隊に引き渡される予定です。日本はF-35について、国内で最終組立および完成検査を行うことにしており、国産の初号機は2017年の完成予定です。

F-4EJ改の後継機として導入が決まっているロッキード・マーチンF-35AライトニングII。最初の4機はアメリカで製造されるが、5号機以降は日本国内で最終組立と完成検査が行われ、その初号機(航空自衛隊向け5号機)は、2015年から組み立て作業がはじまっている

写真提供:アメリカ空軍

第3章
航空自衛隊の偵察型

航空自衛隊が装備した偵察型ファントムIIを、F-4EJの偵察機転用型を中心に、その偵察装備品とともに記していきます。

3-01 RF-4Eの導入
― ライセンス生産ではなくアメリカから買ったワケ

F-4ファントムIIでは、早い段階から写真偵察型のRF-4がつくられていて、航空自衛隊もその1タイプである**RF-4E**を14機導入しました。これらはF-4EJとは異なり、完成機をアメリカから直接購入しており、1974～75年の2年間で全機が納入されています。

ライセンス生産を行わなかった理由の一つが、製造面での共通性がさほど高くなかったことです。戦闘機型と偵察型の基本設計は同じですが、構造面には細かな違いが多数あります。機首の内部も火器管制レーダーではなく、偵察カメラを収容し、形状などもわずかに異なっています。また、RF-4Eは兵装を一切搭載しないので兵器関連のシステムは不要でした。戦闘能力がなく、F-4EJのように周辺諸国に気遣いする必要もなかったため、アメリカ製でも問題はありませんでした。

ただそれ以上に大きな理由が、**F-4EJのライセンス生産を優先する**ということでした。三菱重工業をはじめとするF-4EJのライセンス生産にかかわった国内企業には、当然のことながら生産能力の限界があります。RF-4Eも国内生産するとなれば、F-4EJと並行しての作業になるため、F-4EJの生産ペースを落とさざるを得なくなります。一方で航空自衛隊は、新戦闘機の戦力をできるだけ早く構築したいと考えていましたから、F-4EJの機数を可能な限り迅速に増やしていきたいということになります。そのためRF-4Eの国内生産は行わず、国内の生産力をF-4EJに集中することにしたのです。

RF-4Eは完成機を購入したので航空自衛隊による試験期間は短くて済み、速やかに部隊配備（**4-13**参照）が行われました。

航空自衛隊創設50周年の記念塗装をまとったRF-4E。派手なメタリック・ブルーをベースに、機首にはシャークマウスを描いている。カメラ窓を通して、各種の偵察カメラが見える

百里基地をタキシングするRF-4E改。レーダー警戒受信機がJ/APR-5となり、F-4EJ改と同じアンテナが、垂直安定板後縁頂部と左右主翼端前縁に付けられている

3-02 RF-4Eの偵察装備
― 任務に合わせて各種カメラを搭載

RF-4の最初のタイプはアメリカ空軍向けのRF-4Cで、その輸出専用型がRF-4Eとなり、アメリカ空軍の要求による独自の装備がなくなった以外はRF-4Cと同一です。RF-4にはまったく戦闘能力が持たされていません。これは**偵察機の最重要任務は偵察情報を持ち帰ること**にあるためで、なまじ戦闘力を有していて空中戦などに入った結果撃墜されては本来の役割を果たせず、本末転倒になります。このためRF-4は無武装機になりました。

偵察用のカメラは機内部にある三つのカメラ・ステーションに、**任務に応じた種類のカメラを組み合わせて搭載**します。標準的な搭載例は、第1ステーションにKS-87E前方斜めまたは垂直カメラ、第2ステーションにKA-87低高度カメラ、第3ステーションにKA-55AまたはKA-91高高度カメラを各1台装備するというものです。ほかにKS-91やKS-127A長距離斜めカメラ、KC-1B地図作製用カメラ、AN/APD-10側方偵察レーダー、AN/AAS-18赤外線ラインスキャン・カメラ、AN/AAD-4赤外線偵察システムなども搭載できます。

RF-4EにはF-4EJのような火器管制レーダーはありませんが、カメラ・ステーションの前には**AN/APQ-99レーダー**があります。このレーダーは簡素な測距レーダーで、主として対地マッピングや地形認識に使われています。航法装置はAN/ASN-48慣性航法装置ですが、アメリカをはじめとした導入各国でレーダーや航法装置の更新・換装、電子妨害(ECM)ポッドの運用などといった能力向上が行われています。これは日本でも同様で、導入した14機全機が各種の改修を受けています。

RF-4Eの機首内部は最前方に簡素なレーダーがあり、その後方は偵察カメラのスペースになっていて、任務に応じて各種カメラを組み合わせて搭載する。空気取り入れ口開口部の直後に貼られているのは航空自衛隊創隊60周年のステッカー

RF-4E用の偵察カメラの一つであるKS-87E前方偵察カメラ。カメラ・ステーションの最前部に取り付けられて、前方下向きに開いているカメラ窓から撮影する

3-03 RF-4Eの能力向上
― 脅威をデータベース化し、解析

航空自衛隊はF-4EJの寿命延長と能力向上改修を行いましたが、同時期にRF-4Eについても能力向上改修を実施しました。主な改修内容はレーダーをAN/APQ-172に変更したことや、レーダー警戒装置がJ/APR-5になったこと、無線機もUHF/VHF無線機になったことです。

AN/APQ-172レーダーは、アメリカ空軍がRF-4Cの能力向上改修を実施した際に新レーダーとして使われたものであり、基本機能はAN/APQ-99と同じですが、画像のデジタル処理が可能になるなどしています。J/APR-5はF-4EJ改のJ/APR-6と基本構成などは変わっておらず、アンテナの形状や取り付け位置もF-4EJ改と同じです。ただ、受信したレーダーの情報（周波数や波形など）を記録してデータベース化する機能と、それを外部メモリーに移して解析装置にかけることが可能になっています。また、偵察用装備品では、赤外線偵察器材がAN/AAD-4からAN/AAD-5になっています。

コクピットは、前席、後席ともにRF-4Eから大きな変更はありません。なおRF-4Eは、F-4EJとは違って後席からの操縦はできず、後席搭乗員は偵察装置の操作専

任です。航空自衛隊では**戦術偵察航空士**と呼んでいます。後席には高速飛行でも安定した画像を見られるLA-313ビューファインダーがあって、写真撮影に使用します。

こうしたRF-4Eの能力向上機の開発作業は、47-6905を試改修機として行われました。なお、RF-4Eは戦闘機型と同様に、主翼下と胴体下に機外搭載ステーションを有していて、主に増槽の搭載に使用しています。長距離の偵察任務の場合には、左右主翼下と胴体中心線下に、計3本の増槽をフル装備します。

RF-4E改の垂直安定板。方向舵の下側にあるのは燃料投棄用のパイプとノズルで、その下にドラグシュート用の扉がある。RF-4Eの水平安定板前縁に固定式スラットがなくなったのも、F-4Eからの変更点の一つである

3-04 RF-4EJとは？
— ポッド式の偵察機

第2章で記したように、防衛庁（当時）はF-4EJの能力向上改修を行うことにしましたが、当初から改修を行うのは導入した140機のうち90機程度とし、残る機体の一部は偵察機に転用することにしていました（実際の戦闘機能力向上改修機数は試改修機を含めて90機）。

この偵察機転用型がRF-4EJと呼ばれるもので、F-4EJ改のような改修は寿命延長以外に行われず、一方で胴体中心線下に偵察器材を収めた偵察ポッドを携行できるようにしました。この偵察ポッドは**長距離斜めポッド（LOROP※）**、**戦術（TAC※）ポッド**、**戦術電子偵察（TACER※）ポッド**の3種類が開発されました。RF-4EJに改修されたのは15機で、試改修機を除く最初の7機はLOROPポッドのみの運用能力を持つ限定改修機です。残る7機が、3種すべてのポッドを運用できる量産改修機となりました。また、限定改修機は量産改修仕様にはされず7機とも退役しています。

前記のとおり、RF-4EJの搭載電子機器は基本的にはF-4EJのままで、レーダーはAN/APQ-120から変わっていません。各種の電子機器類は段階的に搭載替えが行われていて、最終的に航法装置はJ/ASN-4、レーダー警戒受信機はJ/APR-6と、F-4EJ改と同じものを装備しました。RF-4EJは**機首の機関砲が残され、兵器システムはF-4EJのまま**なので戦闘能力を有しています。ただ、**3-02**で記したように、偵察機の基本は偵察情報を確実に持ち帰ることにあるので、航空自衛隊の偵察部隊は、RF-4EJによる戦闘訓練を一切行っていません。また、後席からの操縦も可能ですが、後席には操縦を行わない戦術偵察航空士が搭乗します。

※LOROP：LOng-Range Oblique Photography
※TAC：TACtical
※TACER：TACtical Electronic Reconnaissance

RF-4EJの試改修機。三菱重工業での改修作業を終えた後、1992年2月に社内飛行試験を行った際の撮影。機体には暫定的に全面水色の塗装が施された。胴体中心線下に搭載しているのはTACERポッド

TACポッドを搭載して離陸するRF-4EJ。TACポッドの最前部は可動式の扉になっていて、前脚の位置に連動して扉が動くようになっている

3-05 3種のポッド① LOROPポッド ― 高性能だが整備に手間がかかる

LOROPポッドには**KS-146B長距離撮影用カメラ**が収められていて、長距離斜め撮影を行います。このカメラは動像補正機能や自動露出制御機能、自動焦点機能を有し、温度安定機能も有しています。偵察能力としてはRF-4EのLOROPカメラであるKS-127Aとほぼ同等で、50海里(92.6km)先の1mの物体を識別することができるとされていますが、撮影できる画角はKS-146Bのほうが広くなっています(KS-127Aは14～27度、KS-146Bは0～30度)。

ただ、RF-4Eが内蔵するKS-127Aは、整備を終えた後にそのまま焦点合わせを行い、その作業にさほど手間がかからないのに対して、RF-4EJのKS-146Bはポッド内に入っているため、まずRF-4EJをジャッキ・アップして持ち上げ、それからポッドを取り付け、さらに脚上げ状態にして整備と焦点合わせを行います。これは、脚下げ状態にしておくとカメラのアングル内に主脚が入ってしまって焦点合わせができないからです。これに代表されるように、整備に手間がかかるという欠点があります。

LOROPポッドは左右いずれの方向も撮影可能なようにカメラ窓がありますが、カメラは1台しか収容できないので同時使用はできず、ミッション前に右か左を決定してカメラを装着します。また**専用のファインダー**が必要なので、後席の下側キャノピー・フレームに装着します。ファインダーも当然カメラと同じ向きにして取り付けます。このファインダーがないとLOROPポッドを使用できませんが、RF-4EJも限定改修機はLOROPポッドのみの運用だったので基本的には常時備えていました。これに対し、量産改修機はLOROPミッション時にのみファインダーを装着します。

LOROPポッドを搭載したRF-4EJ。左翼下のパイロンには、AN/ALQ-131 ECMポッドを搭載している。LOROPポッドを運用するには専用のファインダーを取り付ける必要がある

LOROP撮影用のビュー・ファインダーを後席のキャノピー・フレームに取り付けたRF-4E

3-06 3種のポッド②
TACポッド、TACERポッド
— 脅威となるレーダーのタイプや位置を特定

TACポッドは、ポッド内に3台のカメラが収められています。前からKS-153A低高度偵察カメラ、KA-95B高々度偵察カメラ、D-500低中高度夜間偵察カメラ（赤外線）です。

KS-153Aは、前方斜めまたは垂直下の向きに付けられていて、同時に3フレームの撮影が可能な動像補正機能、自動露出制御機能、自動焦点機能を有しています。D-500は、地表の赤外線画像を連続して記録することができます。

例えば「D-500で概略の位置を把握して、その後、光学カメラでくわしく撮影する」「光学カメラではわかりにくいものをD-500で撮影する」といった使用法です。

TACERポッドは、地上（あるいは洋上）からの脅威レーダー信号を受信・収集してその電波諸元を記録するとともに、レーダーのタイプの特定などを行うものです。

探知方式はレーダー警戒装置などと同様の受動式なので「相手のレーダー波は届くものの、対空ミサイルの射程外」といった**スタンドオフ距離**で情報を得られます。そして自機の移動時間と発信源の角度の差違から、発信源の位置を特定します。

受信した信号は位置のほかに発信レーダーのタイプも合わせて、後席の専用表示装置に写し出されます。これは受信信号を記憶させている信号波と比較して、発信源のタイプを特定することにより行われ、受信信号はデータリンクによりほぼリアルタイムで地上に送信できるほか、搭載している記録装置に書き込んで、それを地上のコンピューターで解析することもできます。持ち帰った情報はもちろん記録・保管されています。

RF-4EJ用に開発されたTACポッド。ポッド内には3台のカメラが収められていて、真下と斜め前方を撮影できる。このポッドでの偵察機能は、基本的にRF-4Eでまかなえるため、3種のポッドの中では最も使用頻度が低い

偵察航空隊に新しい偵察能力をもたらしたTACERポッド。受信した信号は、位置のほかに発信レーダーのタイプも合わせて後席の専用表示装置に写し出される。これは、受信信号を記憶させている信号波と比較して発信源のタイプを特定することで可能となるものである

3-07 偵察写真の例
― 撮影部分を重複させて立体視

RF-4などの偵察機が搭載しているカメラは、多くが**昔ながらの銀塩フィルムを使用するカメラ**で、今日では普及しているデジタルカメラは使われていません。これは地上などのデジタル画像がレーダーの合成開口機能（乱暴にいえばレーダー画像の立体化）で得られ、記録できるようになり、また、その解像度が向上し続けているためです。今後も航空機搭載の偵察専用デジタルカメラは、出てこないと考えられます。

こうしたことから撮影した情報を解析する作業は、まずフィルムの現像からはじまります。フィルムにはカラーと白黒がありますが、現像時間は白黒のほうが圧倒的に短いので、分析などを急ぐときには白黒が使われます。カラーは時間に余裕があって、色情報が必要なときに使用しますが、一般的には白黒の比率が多くなります。こうした情報は基本的にネガフィルムから読み取りますが、もちろんプリントを作ることもあります。プリントの場合、複数の写真プリントで60％程度が重なっていれば、その部分を使って**画像情報を立体的に判読**できます。例えば「2階建ての家が写っていれば、その建て方からおおよその高さがわかるので、それを基準にして周辺のものの高さを判読する」という具合です。

また、RF-4Eのような高速ジェット機による撮影の場合、常にきれいな写真が撮れているとは限らず、ブレていたりピントが合っていなかったりすることは少なくありません。このため偵察写真の判読には独特の経験が必要となります。また、前記の立体判読には、例えば「家の建築」などの、航空偵察とは直接関係ないような知識も求められます。

赤外線偵察写真の例。空軍基地を撮影したもので、滑走路など表面温度の高いものは白く写り、上の駐機中の航空機などのように冷え切っているものは黒く写る
写真：著者所蔵

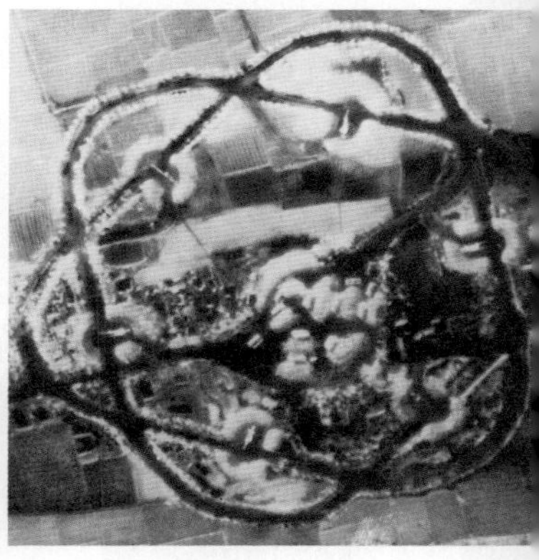

ベトナム戦争中にRF-101ヴードゥ偵察機が撮影した、北ベトナムのSA-2“ガイドライン”地対空ミサイルの陣地。6基の発射台が全周をカバーするように配置され、それらが道路で結ばれて補給などを容易にしている
写真提供：アメリカ空軍

垂直カメラによる偵察写真。建物の高さを把握するには、建築の知識なども必要になる
写真提供：アメリカ空軍

COLUMN

RF-86F

航空自衛隊最初のジェット偵察機が、ノースアメリカンRF-86Fでした。F-86セイバー戦闘機の機首部にカメラを搭載したもので、**風防下の左右側面に設けられた膨らみに偵察カメラを搭載**しました。航空自衛隊は18機を装備し、いずれもF-86Fからの改造機です。改造初号機は1961年9月に完成しました。

航空自衛隊最初のジェット偵察機であるRF-86F。F-86Fから18機が改造された。写真は偵察航空隊第501飛行隊の所属機で、同隊の初代のテイルマークが描き込まれている

写真提供：渡辺 明

第4章

航空自衛隊の運用

航空自衛隊の戦闘機部隊の概要と、F-4EJ/EJ改および偵察型を装備した各飛行隊について、細かく見ていくことにします。

4-01 航空総隊とは？
— すべての第一線作戦部隊を指揮

航空自衛隊は、その任務に応じた四つの組織に大別されています。なかでも最も重要な、航空機などによる各種の防空活動を統括しているのが、東京都福生市にある在日アメリカ軍横田基地に司令部を置く**航空総隊**です。戦闘機部隊はもちろん、地上および空中の警戒管制部隊、地対空ミサイルによる高射部隊、偵察部隊などの第一線作戦部隊すべてを指揮しています。

地域的には日本を、**北部航空方面隊**、**中部航空方面隊**、**西部航空方面隊**、**南西航空混成団**の四つに分けて、それぞれに2カ

所（南西航空混成団のみ1カ所）の戦闘機部隊配備基地を有しています。戦闘機部隊配備基地には**航空団**が置かれていて、1個航空団は2個飛行隊（第5航空団のみ1個）で構成されています。

戦闘機・戦術偵察機以外に航空総隊の指揮下にある航空機装備部隊としては、空中早期警戒・管制機を運用する警戒航空隊（E-2C、E-767）、航空戦術教導団飛行教導群（F-15J/DJ）、電子飛行測定隊（YS-11EB）、航空救難団（U-125A、UH-60J、CH-47J）があります。また航空戦術教導団では、飛行教導群による戦闘機部隊への巡回教導に加えて、YS-11EAとEC-1によるレーダー・サイトへの電子戦訓練も実施しています。

航空総隊司令部には用務連絡や技倆維持訓練などのための飛行隊も配置されていて、航空総隊司令部飛行隊として入間基地に配備されていました。しかし、2014年8月1日の組織変更で廃止されて、中部航空方面隊司令部支援飛行隊が発足しました。入間基地に所在し、T-4とU-4を運用している点は変わっていません。

なお、残る三つの組織は、航空輸送などを任務とする航空支援集団、教育・訓練を任務とする航空教育集団、研究・開発を任務とする航空開発実験集団です。

航空総隊司令部飛行隊当時の川崎T-4中等練習機。2011年に始まった航空総隊の大幅な組織変更などにともない、司令部飛行隊も2014年8月1日に閉隊となり、入間基地に発足した中部航空方面隊司令部支援飛行隊がその役割を受け継いでいる

要撃戦闘機部隊
— F-4EJ改はいわゆる要撃機として運用

航空自衛隊の戦闘機部隊は、防空戦闘活動を主体とする**要撃戦闘機部隊**と、着上陸阻止や近接航空支援も行う**支援戦闘機部隊**に分けられてきました。2003年にその区分けは廃止されましたが、まだ本格的な多用途戦闘機が主力になっていないため、実質的には「分けることができる」といってよいでしょう。

現在の航空自衛隊の戦闘機はF-15J/DJ、F-4EJ改、F-2A/Bの3機種で、このうちF-15は「基本的に対地攻撃などには使用しない」(評価作業は一時行いました)としているので要撃戦闘機です。

F-4EJ改も支援戦闘機として使えるようにすることが能力向上改修の主眼の一つでしたが、F-2が実用化されたことで、基本的には要撃戦闘機として使われています。

したがって現在、航空自衛隊には12個の戦闘機飛行隊がありますが、そのうちのF-15を装備する7個飛行隊とF-4EJ改を装備する2個飛行隊が要撃戦闘機部隊で、F-2を装備する3個飛行隊が支援戦闘機部隊ということになります。

要撃戦闘機部隊の任務は**航空脅威の排除**です。航空攻撃の意図を持って領空に接近、入り込む航空機を撃破して日本を航空攻撃から守ることにあります。

このため平時から、領空に接近する不明機に対処するための対領空侵犯措置任務が課せられており、いわゆる**スクランブル発進**の態勢が取られています。この緊急発進待機は、各航空方面隊および南西航空混成団で2機一組が、発令後5分以内に発進を終える**5分待機**と呼ぶ態勢に就いています。

なお、防衛省では以前から、日本全土を守るには9個の要撃戦闘機部隊だけでの緊急発進待機では数が不足しているとして、支援戦闘機部隊（**6-09**参照）にも同様の任務を付与しています。

航空自衛隊の戦闘機部隊で最も重要な役割を担っているのは要撃戦闘機部隊であり、外敵の航空脅威から日本本土を守る防空活動に就いている。写真の第301飛行隊も要撃戦闘を主任務とする飛行隊であり、このF-4EJ改はAIM-9Lサイドワインダーと AIM-7Mスパローの実弾を4発ずつ搭載するという、F-4EJ改による防空・制空ミッションのフル装備形態である

4-03 第301飛行隊
— いちばん最初のF-4EJ実働部隊

ここからは航空自衛隊でF-4EJとF-4EJ改を装備した部隊について見ていきます。航空自衛隊は当初、F-4EJにより5個飛行隊を編制することを計画しました。飛行隊はすべて新編することになっていたので、飛行隊番号はF-86Fの一桁、F-86Dの100番代、F-104の200番代に続いて、300番代が付けられることになりました。

最初の実働飛行隊の編制基地には、茨城県の**百里基地**が選ばれました。もちろんそれよりも前に各種の試験を行わなければなりませんから、最初にF-4EJを受領したのは岐阜基地の実験航空隊（現飛行開発実験団）で、アメリカ製造の最初の2機が、1971年8月に配備されました。1972年8月1日、百里基地に臨時F-4飛行隊を発足し、受け入れ準備を開始して、ここには試験に用いられていた2機がまず、引き渡されました。

臨時F-4飛行隊は次第に機数と隊員数を増やし、1973年10月16日に正式な飛行隊である**第301飛行隊**となりました。第301飛行隊は最初の部隊なので、戦闘機飛行隊としての任務に加えて**F-4EJパイロットの養成訓練も任務**としました。1985年3月1日には、F-15に機種更新した第204飛行隊の宮崎県の新田原（にゅうたばる）基地からの移動と入れ替わる形で、新田原基地に移動しました。

第301飛行隊の部隊マークは筑波山のニホンヒキガエルをモチーフにしたスカーフをしたカエルで、スカーフの中には第7航空団所属を示す7つの星が描かれていました。しかし移動にともない第5航空団の指揮下に入ったことで星の数が5つに減っています。1991年4月には装備機種をF-4EJ改に更新し、現在も戦闘機部隊としての任務と乗員養成の双方の任務を遂行しています。

第301飛行隊のF-4EJ。1985年に撮影されたもので、胴体の側面にはグリーンでMiG-21 “フィッシュベッド”のシルエットが描かれている

新田原基地を編隊離陸する第301飛行隊のF-4EJ改。第301飛行隊はF-4EJ最初の飛行隊として実用機転換訓練も任務とし、それは機種をF-4EJ改に更新した後も続けられた

第302飛行隊
— いちばん最初のF-4EJ実戦部隊

冷戦当時の自衛隊の配備は北方重視で、陸・海・空3自衛隊はいずれも新しい装備を北方の部隊に配備していました。F-4EJも例外ではなく、2番目の飛行隊となる**第302飛行隊**の配備基地は**千歳基地**となりました。1974年7月18日、千歳基地で第2航空団の指揮下に臨時第302飛行隊が編制され、10月1日付で正式に第302飛行隊となりました。そして1975年11月1日、対領空侵犯措置任務が付与されて緊急発進待機任務を開始しました。この時点で第301飛行隊は乗員の養成だけを行っていたので、第302飛行隊が航空自衛隊最初のF-4EJによる実戦部隊となったのです。

第302飛行隊はイベントや移動の多い部隊でした。最初のイベントは1976年9月6日の**MiG-25亡命事件**です。この事件ではスクランブル発進を行いましたが見失い、函館空港への強行着陸を許してしまいました。1985年11月26日には、沖縄県の那覇基地に移動して第83航空隊の指揮下に入りました。1987年12月9日にはTu-16の領空侵犯に際して警告射撃を実施、航空自衛隊機が警告射撃を行った最初で、今のところ最後の事例です。

第302飛行隊は1993年、F-4EJ改への機種更新を完了し、2009年3月13日には百里基地に移動して、同月26日付で第7航空団の指揮下に入り、現在に至っています。F-4EJ改の後継機として**F-35AライトニングⅡ**が導入されると、**最初に閉隊されるのが第302飛行隊になる予定**です。今のところF-35は飛行隊新編の形で配備が考えられているため、第302飛行隊は百里基地で閉隊され、F-35Aによる最初の飛行隊は三沢基地の第3航空団隷下に第101飛行隊が作られるといわれています。

AIM-9Lを1発装備しただけの形態で、編隊を組んで洋上を急旋回する第302飛行隊のF-4EJ改。第302飛行隊は、部隊マークのサイズ制限（胴体の日の丸内に収まること）が決められる前にマークを制定したため、航空自衛隊の戦闘機部隊で唯一大きなテイルマークを描いている

第302飛行隊創隊20周年記念の塗装をまとったF-4EJ改。機体全体がテイルマークをモチーフに塗られている。テイルマークは北海道で越冬するオジロワシをデザインしたもので、尾の「白」のほかは、胴体が北部航空方面隊の「赤」、足は中部航空方面隊の「黄」、羽は西部航空方面隊の「青」の各シンボル・カラーが使われている。また羽が3枚、尾が0、足が2本で、飛行隊番号の「302」を示している

4-05 第303飛行隊
―「ファントムII航空団」になったときも

第303飛行隊はF-4EJによる3番目の飛行隊として、1976年10月2日に石川県の小松基地で、第6航空団の指揮下に編制された飛行隊です。

F-15の配備が進んでF-104飛行隊の機種更新が終わると、F-4EJからF-15に機種更新する最初の飛行隊となり、1987年12月1日にその作業を完了しました。

第303飛行隊は、本来の順番であればF-4EJ改を装備する3番目の飛行隊になる予定でした。しかし次期支援戦闘機（FS-X※。三菱F-2を採用）計画に遅れが生じたことなどから、F-15への機種更新を先行させることになったのです。

第303飛行隊の後、第304飛行隊、第305飛行隊もF-15への機種更新を行ったことで、F-4EJ改の配備を受けることはありませんでした。

部隊マークは、所属航空団番号である「6」を、小松基地がある石川県の形にアレンジしたものが描かれていましたが、1981年6月にデザインを一新しました。

新しいマークは、部隊のニックネームであるドラゴンにちなんで、数字の6の中に横から見た龍をデザインしたものです。飛行隊ニックネームのドラゴンは、第303飛行隊の前身である第4飛行隊が使っていたコールサインに由来しています。なお、第303飛行隊を指揮下に置いた第6航空団は、F-4EJ飛行隊が1個隊、追加編制され、その第306飛行隊が組み入れられたことによって、F-4EJ 2個飛行隊を擁するファントムII航空団となった時期もあります。

※FS-X：Fighter Support eXperimental

AIM-9P3を搭載した第303飛行隊のF-4EJ。機体には低視認性塗装が施されており、機首にはシャークティースが描かれている

こちらもシャークティースを描いた第303飛行隊のF-4EJだが、上の機体とはデザインや色合いが異なっている。垂直安定板の部隊マークは新しい第6航空団所属を意味する、デザイン化した「6」の中に龍を描いたものである

4-06 第304飛行隊
— F-4EJとF-1がミックスされた時期も

1977年8月1日、福岡県の築城(ついき)基地でF-4EJの4番目の飛行隊として第8航空団の指揮下に編制されたのが第304飛行隊です。1990年1月20日には、第303飛行隊と同様にF-15への機種更新を行って、航空自衛隊6番目のF-15飛行隊となりました。

第8航空団の隷下には、1964年10月からF-86Fの6番目の飛行隊である第6飛行隊が組み入れられていて、支援戦闘機部隊に指定されていました。このため1981年2月18日にF-1への機種更新を行っており、第304飛行隊が編制されるとF-4EJとF-1の飛行隊の組み合わせによる唯一の航空団となりました。ただ、F-1の空対空能力がF-4EJよりも劣ることから、第8航空団の緊急発進待機の態勢は、早朝から夕方までの日中はF-1飛行隊が、夜間はF-4EJ飛行隊が受け持つという変則的なものになりました。これは第304飛行隊がF-15に機種更新した後も続けられましたが、第6飛行隊がF-2に機種更新を行う（2006年3月18日に完了）と廃止されました。

近年、中国軍の近代化や軍備の拡張が進み、南西方面で中国軍航空機の活動が活発化したため、防衛省は沖縄県那覇基地の戦闘機部隊2個飛行隊化を計画し、第304飛行隊をその部隊にあてることにしました。こうして第304飛行隊は2016年1月31日に那覇基地に移動し、この結果、南西航空混成団第83航空隊は、同日付でF-15の2個飛行隊（もう一つは第204飛行隊）を擁する第9航空団に改組されました。部隊マークは、F-4EJ飛行隊として新編されたときに定められた、築城基地近くの英彦山(ひこさん)に住むと伝えられる天狗をモチーフにしたものがそのまま受け継がれています。

機体全体に低視認性塗装を施した第304飛行隊のF-4EJ。一方、主翼下の増槽は、よく目立つようオレンジに塗られている

夜間訓練飛行に向けて築城基地の駐機場を動き出す第304飛行隊のF-4EJ。戦技競技会に向けた訓練で仮設敵を務めるための識別用の太い帯が、胴体に入れられていた

写真：青木謙知

第305飛行隊
―『ファントム無頼』の舞台でもあった

1978年12月1日、百里基地で第7航空団の指揮下にF-4EJ飛行隊として最後になる5番目の飛行隊として編制されたのが第305飛行隊です。しかし次項で記す第306飛行隊が編制されたことで「最後」にはなりませんでした。この第305飛行隊の発足で第7航空団は、航空自衛隊ではじめてF-4EJの2個飛行隊を指揮下に収めるファントムII航空団となりました。

第305飛行隊はF-15の7番目の飛行隊として、1993年8月2日にF-15への機種更新を完了しました。第7航空団には、それよりも前にF-15装備の第204飛行隊が指揮下に組み入れられていました。第204飛行隊は、F-104を装備する新田原基地所在の第5航空団指揮下の飛行隊だったのですが、F-15への機種更新を行う際に百里基地に移動することが決められており、1985年3月2日にF-15の装備を完了しました。そして、形としては新田原基地でのF-104の運用を終えていったん閉隊し、F-15装備により百里基地で部隊が発足する、という複雑な手順が取られました。

これは第204飛行隊がF-104への実用機転換訓練を任務の一つとしていたためです。他方、F-15の実用機転換訓練部隊としては第202飛行隊が存在しており、第204飛行隊の任務から転換訓練を外して純粋な要撃戦闘機部隊に戻すための手続きだったのです。いずれにせよ第7航空団は、こうしてF-15の2個飛行隊を擁するイーグル航空団になりました。

ちなみに1970年代末から1980年代はじめにかけて人気のあった漫画『ファントム無頼』(原作:史村 翔、作画:新谷かおる)の舞台は、この第305飛行隊でした。

A/A-37U-15ダート標的システムを装着した第305飛行隊のF-4EJ。F-4EJの部隊配備は、本来この部隊の発足で終える計画だったが、沖縄返還にともない、続いて6番目の飛行隊も編制されることとなった

1992年の戦技競技会に参加した際の第305飛行隊のF-4EJ。グレー系のツートン塗装で、胴体上面は波状に、ラダーは三角に塗り分けられている。空気取り入れ口のスプリッター・プレートには二刀流の宮本武蔵が描かれている

4-08 第306飛行隊
— 沖縄返還によって編制されたF-4EJ飛行隊

先に記したように航空自衛隊は、F-4EJにより5個飛行隊を編制する計画でした。しかし1972年5月15日に沖縄が返還されると、那覇基地を設置して1個戦闘機飛行隊を配置することとなり、F-104を装備して百里基地に所在していた第207飛行隊を回すことになりました。その結果、本土配備の戦闘機部隊が1個飛行隊不足してしまったので、F-4EJによる6番目の飛行隊を追加で編制しました。こうして1981年6月30日に、**小松基地**で第6航空団の指揮下に**第306飛行隊**が編制されたのです。1989年11月、第306飛行隊は装備機種をF-4EJ改に変えて、F-4EJ改を装備した1番目の飛行隊になりました。

ただ、このころすでに次期支援戦闘機（FS-X）計画に遅れが出ており、支援戦闘機F-1の機数が必要数を下回ることが確実になりました。そこで航空自衛隊は第306飛行隊もF-15に機種更新することを決定し、1997年3月18日、第306飛行隊はF-15飛行隊に変わりました。第306飛行隊が運用していたF-4EJ改は、第8飛行隊に回されました（**4-10**、**4-11**参照）。

こうして第306飛行隊は、F-15による8番目（最後）の実働飛行隊となりましたが、今はF-15の能力向上改修機と統合電子戦装置搭載改修機の配備を優先的に受けており、さらにはF-15戦技課程（ファイター・ウエポン・コース）も設けられ、航空自衛隊F-15の**マザー・スコードロン的な存在**になっています。

部隊マークはF-4EJによる飛行隊が発足したときに定められた白山のイヌワシをデザイン化したものが、F-4EJ改当時、そして今日のF-15まで受け継がれています。

新たな制式塗装色となったライトブルーに塗られた第306飛行隊のF-4EJ改。この飛行隊のF-4EJ改は、最終的に三沢基地に移動して第8飛行隊で運用されることとなった

1984年の戦技競技会に参加した第306飛行隊のF-4EJ。コントラストがはっきりした濃淡2色のグレーによる胴体全体に稲妻を描いた塗装。スプリッター・プレートの二つの星は、飛行隊長の乗機であることを示している。機首のシャークティースには凄みがある

4-09 支援戦闘機部隊
―「支援」は「爆撃」や「攻撃」の意味

航空自衛隊の戦闘機部隊はアメリカ空軍の防空コマンドを手本に構築されました。基本的には防空をその役目とするもので、要撃戦闘が任務の主体です。しかし、F-86Fに続く戦闘機としてF-104が導入されると、その要撃戦闘能力には格段の開きがあり、さらにF-104の機数が増えると、F-86Fが余剰化することになりました。「このF-86Fを有効活用しよう」というのが**支援戦闘機部隊誕生の発端**でした。F-86Fはもともと対地攻撃能力を有していて、アメリカ空軍では戦闘迎撃飛行隊だけでなく戦闘爆撃飛行隊も編制していたため、対地攻撃機として使用することに問題はありませんでした。ただ、日本の防衛政策上からは「爆撃」や「攻撃」といった用語は「ふさわしくない」との指摘が強くあり、それを和らげる用語として「近接航空支援」とからめて「支援戦闘機」という独特の言葉が誕生したのです。

支援戦闘機の任務とされたのが**日本本土への着上陸阻止**で、その点では完全に対地攻撃や爆撃を行うことになります。後には**着上陸部隊の拠点となる洋上の艦船への攻撃**も含まれ、国産の超音速支援戦闘機三菱F-1の開発にあたっては、ASM-1対艦ミサイル（**2-07**参照）を並行して開発し、機体とミサイルを組み合わせた一つの兵器システムとして完成させています。

四方を海に囲まれている日本に国境線はありませんが、着上陸作戦による侵攻は大きな脅威であり、それを未然に防ぐ能力を有しておくことは重要です。「支援」という言葉は、補助的・副次的などという意味に取られがちですが、特に日本にとって支援戦闘機は、要撃戦闘機と同等の重要性を有しているのです。

各種の搭載兵装に囲まれた第8飛行隊のF-4EJ改。第8飛行隊は、唯一、F-4EJ改を装備した支援戦闘飛行隊である。その任務の中でも重要なのが対艦攻撃で、写真の機体も左右主翼下内側ステーションにASM-2を1発ずつ搭載している

4-10 第8飛行隊①
― F-4EJ改を支援戦闘機として利用

第8飛行隊はF-86Fによる8番目の飛行隊として、1960年10月25日に松島基地の第4航空団の指揮下に編制されました。そして1961年4月25日に石川県の小松基地に移動し、第4航空団の指揮下から外れて、臨時小松派遣隊の指揮下に組み入れられました。同年7月15日、臨時小松派遣隊は第6航空団となっています。

続いて1964年11月28日、第8飛行隊は山口県・岩国基地に移動して、今度は第82航空隊の指揮下に入りました。岩国基地は海上自衛隊の航空基地ということもあり、この基地への配備期間は短く、1967年12月1日には愛知県の小牧基地に移動しました。これに合わせて第82航空隊は閉隊され、第8飛行隊は小牧基地の第3航空団の指揮下に編入されました。

1978年に入ると第8飛行隊は、まず3月に緊急発進待機任務を終了し、青森県の三沢基地への移動作業を本格化させました。これは上部組織である第3航空団の三沢基地移動に呼応したものです。第3航空団と第8飛行隊は3月31日、三沢基地への移動を完了しました。また、それより前の1971年12月1日、青森県・八戸基地に所在していた第81航空隊が三沢基地に移動したことで、指揮下飛行隊の第3飛行隊も三沢基地に移動していたため第3航空団の指揮下に入り、第8飛行隊は第3飛行隊とともに支援戦闘任務に就きました。1980年2月29日に第8飛行隊はF-86Fの運用を終了し、三菱F-1への機種更新を完了して2番目のF-1飛行隊となっています。第3飛行隊も1978年3月31日、F-1への機種更新を終えていたので、第3航空団はF-1の2個飛行隊による支援戦闘航空団となったのです。

三沢基地を離陸する第8飛行隊のF-1。本来であれば直接、後継機のF-2へ機種更新する計画だったが、FS-Xの作業に遅れが生じたため、いったんF-4EJ改の配備を受けて、その後、F-2へ機種更新した

F-4EJ改への機種更新を控えて、第8飛行隊の1機のF-1に、同隊での運用終了の記念塗装が施された。増槽も1本だけ、それに合わせた塗装にされた

4-11 第8飛行隊②
― F-1からF-2への「橋渡し」となったF-4EJ改

4-08で記したように次期支援戦闘機(FS-X)計画の遅れから、第306飛行隊が装備していたF-4EJ改を支援戦闘任務で使用することになり、三沢基地の第8飛行隊の装備機種をF-1からF-4EJ改に変えることになりました。作業としては第306飛行隊のF-4EJ改が一斉に三沢基地に移動して、第8飛行隊のF-1が全機退役するという形が取られ、F-4EJ改の移動は1997年3月17日に行われました。

こうして**F-4EJ改による唯一の支援戦闘機部隊が誕生**し、F-4EJ改に空対艦ミサイルの運用能力を持たせるなどの努力は無駄になりませんでした。F-4EJ改は、支援戦闘機としてF-1の退役とFS-X実用化までの間の「つなぎ」の役割を果たせたといえます。

ただ、FS-Xで導入が決まった三菱F-2の配備が進むと、本来の計画どおり第8飛行隊にもF-2が引き渡されることになりました。まず2007年に飛行隊内にF-2準備班が編制され、受け入れ態勢を整え、実際に機体が配備されると2008年4月1日にはF-2準備班はF-2飛行班となり、2009年3月26日にF-4EJ改からの機種更新を終えています。第8飛行隊はF-2の3番目の飛行隊となり、これでF-2の配備作業が完了しました。

要撃戦闘機部隊もF-4EJ改の2個飛行隊にF-15飛行隊を加えると、防衛計画の大綱で示されていた飛行隊数を充足していたので、第8飛行隊のF-4EJ改がなくなったとはいっても、新たな飛行隊が作られることはありませんでした。

なお、航空自衛隊の新戦闘機である**F-35AライトニングⅡの最初の飛行隊は三沢基地に配備**されることが決まっています。このため、配備されるとまず第8飛行隊が2016年に築城基地に移動することになります。

オリジナルの塗装で洋上を編隊飛行する第8飛行隊のF-4EJ改。搭載兵器もAIM-9Lサイドワインダーのみで、要撃戦闘機部隊の所属機と変わらない仕様である

新しい支援戦闘機として導入された三菱F-2と同じ、ブルー系のカラーを使った洋上迷彩が施された第8飛行隊のF-4EJ改

4-12 偵察航空隊
— 常に1機は1時間以内に発進可能

航空自衛隊で航空機による偵察活動を行っているのが、百里基地所在の偵察航空隊です。1961年に宮城県の松島基地で、4機のRF-86Fにより編制作業が開始され、12月1日付で定数18機を充足したため新編部隊として発足しました。偵察航空隊の任務は次のように定められています。

●基本任務
(1) 偵察機により偵察行動を行う。
(2) 学生に対し偵察の教育訓練を行う。
●任務般命
(1) 防衛力整備の目標を達成するとともに、年度防衛および警備計画に示す任務を達成するため、錬成訓練と偵察機の運用並びに偵察技法の開発を実施。
(2) 別命による航空偵察の実施。

現在、偵察航空隊はRF-4EとRF-4EJ（**第3章**参照）を装備しておいて、常に防衛上の特定の関心対象に対して偵察任務を行い、加えて震度6以上の地震が発生した際には自動的に出動し、また気象庁の要求に応じ

て、全国27カ所の活火山に対する年1回の写真情報の提供などを行っています。

地震の他にも、洪水などの自然災害に際しては写真撮影などによる情報収集を行っており、これらに迅速に対応できるようにするため、常に1機のRF-4を**1時間発進待機態勢**に置いています。1時間待機なので、対領空侵犯措置任務のような待機態勢ではなく「搭乗員や整備員が待機室で待機する」ということはありません。なお待機する機体は、全国のどこにでも飛行できるよう常に増槽を3本装備しています。

激しい機動飛行を行う第501飛行隊のRF-4E改。RF-4Eは武装を持たない機種であり、偵察活動中に敵戦闘機に追尾されるようなことがあれば、高い操縦技倆で機体の持てる能力をフルに引き出し、機動飛行で逃げ切ることによって生存性を確保することになる

4-13 第501飛行隊
― 幻となったF-15の偵察機転用計画

偵察航空隊で実際に航空機を運用しているのが**第501飛行隊**です。1961年12月1日、写真航空偵察を任務としてRF-86Fを装備した第501飛行隊は、宮城県・松島基地で偵察航空隊隷下に編制されました。1962年8月28日、偵察航空隊は埼玉県の入間基地に移動したので第501飛行隊も同時に移動しています。

以後、長期間、入間基地で活動を続けましたが、新偵察機としてRF-4Eの導入が決まると戦闘機型F-4EJと同じ基地に配備するのが効率的なので、百里基地に移動することになりました。このため1975年6月7日、偵察航空隊百里派遣隊が編制され、一部のRF-86Fが百里基地に移動しました。第501飛行隊は百里派遣隊の隷下部隊となり、1975年9月30日までにRF-4Eの装備を完了しています。

これに合わせてその前日の9月29日、入間基地に残っていたRF-86Fにより、第501飛行隊入間分遣隊が発足しています。入間分遣隊は1977年3月25日に解散したため、偵察航空隊の装備機種はRF-4Eのみとなりました。この後、偵察航空隊にはF-4EJの偵察機転用型のRF-4EJも配備され、またRF-4Eの寿命延長および能力向上も行われましたが、老朽化が進んだことは確かでした。

そして近年、偵察機の無人機化が進むとともに能力も大幅に高まっていることなどから、防衛省は有人偵察機の導入をやめて高高度長時間滞空（HALE※）無人偵察機であるノースロップ・グラマンRQ-4グローバルホークの導入を決めました。三沢基地に配備して航空自衛隊が運用し、情報は3自衛隊で共有することになっています。

※HALE：High Altitude Long-Endurance

F-2と同様の色調による洋上迷彩が施された第501飛行隊のRF-4E改。今後、南西方面に展開しての洋上活動が増えるための措置と見られる

TACERポッドを搭載したRF-4EJ。主翼を折りたたんでいる

総隊司令部のRF-86F

RF-4Eの機数が揃うと、入間基地に置かれていた入間分遣隊のRF-86Fは、航空総隊司令部飛行隊（現中部航空方面隊司令部支援飛行隊）の所属となって、ロッキードT-33Aとともに用務連絡などに使われました。偵察活動は行わないのでカメラは外されましたが、フェアリングはそのまま残されています。RF-86Fは、1979月に完全退役しました。垂直安定板の部隊マークは三つの航空方面隊のシンボル・カラー（北部航空方面隊の赤、中部航空方面隊の黄、西部航空方面隊の青）を「ヒ（飛）」に似せたシェブロン形にしたものです。

入間基地に所在した総隊司令部飛行隊に所属していたRF-86F。この当時は、ロッキードT-33Aとの2機種が運用され、用務連絡やパイロットの技倆維持のための年次飛行などに使われていた
写真提供：石原 肇

第5章
世界のファントムⅡと各型

ファントムⅡの開発ストーリー、そして多くの国で運用され、また、さまざまなタイプがあるファントムⅡの開発の経緯と各型を取り上げます。

5-01 開発の経緯
― アメリカ海軍は機関砲を外すことを求めた

1950年代に入ると、アメリカ海軍が空母艦上に配備する艦上戦闘機も、超音速化、そしてレーダーの装備といった時代を迎え、メーカー各社もさまざまな機体案を提示するようになりました。そうしたなかでマクダネル(後にマクダネル・ダグラス。現ボーイング)は**モデル98B**と呼ぶ双発戦闘機案を、1953年9月19日に示しました。その設計は、今後の要求書がどのように変更されても対応できるよう、単座型と複座型の両タイプを製造できるようにして、あらゆる任務に対応できるよう設計されていました。機首部には捜索レーダー、ミサイル火器管制装置、偵察カメラ、その他の電子偵察器材などを要求に応じて、さまざまな装備品の収容が可能でした。

実際、海軍の要求内容は何度か変更されて、最終的には1954年12月14日に、マクダネルが対地攻撃機として提案したAH-1を全天候迎撃機に設計し直すことを指示しました。その内容は「機関砲をすべて外すこと」と「機外搭載ステーションも胴体中心線以外は変更し、一方でセミアクティブ・レーダー誘導のスパロー空対空ミサイル4発の搭載を可能にすること」でした。機首にはAN/APQ-50レーダーを搭載し、専任の操作員が後席に搭乗する複座機とすることも要求しました。1955年4月15日には、搭載エンジンをJ65ではなく、より大推力のJ79とすることが決定されました。

こうして、最終的な機体仕様が固まった新戦闘機には**F4H**の制式名称が与えられました。1955年5月26日に試作機**XF4H-1**2機の製造契約が与えられ、初号機は1958年5月8日にロールアウトし、5月27日に初飛行しました。同年7月3日には、制式愛称として**ファントムⅡ**の名が付けられました。

1954年につくられたF3H-G/H（モデル98B）のフルスケール・モックアップ。空気取り入れ口や主翼の配置など、その後のF4Hの特徴のいくつかをすでに備えていた　写真提供：アメリカ海軍

試作機XF4H-1に続いて、5機が製造されたYF4H-1の初号機。これら試作機と前量産機が試験で良好な結果を収めたことで、アメリカ海軍は量産型F4H-1の発注へと進んだ
写真提供：アメリカ海軍

艦上戦闘機としての特徴
― 折りたたみ機構や頑丈な構造を持つ

航空母艦（空母）から運用される艦上機には、陸上発進機には見られないいくつかの特徴があります。陸上基地とは違って面積に制約がある空母の狭い甲板から運用されるからです。空母の規模は、もちろん時代とともに変わり、大型化されていますが、今日のアメリカ海軍の大型空母の一つである「ロナルド・レーガン」（CVN-76）でも、その甲板面積は約4.4エーカー（17,806m^2）でしかないので、成田国際空港のA滑走路（4,000×60m＝240,000m^2）の1割にも満たないものです。そこで甲板を有効活用するため、機体を小型にできるよう、通常、**主翼には折りたたみ機構**が取り付けられています。一部の機種では、甲板下格納庫に収まるよう、垂直安定板にも折りたたみ機構が付けられました。

また「ロナルド・レーガン」を例に取ると、甲板の長さは330m程度しかないので、そこから発進でき、また着艦できる機能も必要です。発進には蒸気の力を使う**スチーム・カタパルト**（電磁式も実用段階に入っている）を使いますが、F-4の時代は今以上に甲板が短く、1960年代の主力空母の一つ「ミッドウェー」（CV-

41）の甲板の長さは約295mでした。このため、主脚柱を伸ばして機首上げ姿勢にして迎え角を大きくし、**より大きな揚力を速やかに得る手法**が取り入れられています。また、短い甲板内で停止するため、大きな沈下率で激しくタッチダウンするとともに、**着艦拘束フック**でワイヤーを捕らえて急制動します。このため、降着装置と着艦拘束フックは、陸上発進機よりも大幅に頑丈なものが必要になります。F-4ファントムIIは当然、垂直安定板の折りたたみ機構以外は、これらもすべて備えて設計されました。

アメリカ海軍の空母「コーラル・シー」（CV-43）の艦上でアイランド（艦橋）の前に停まるアメリカ海兵隊VMFA-323所属のF-4N。折りたたみ式の主翼、頑丈な着艦拘束フックなど、艦上機独特の特徴がよく見える　写真提供：アメリカ海軍

5-03 サイドワインダー
— 改良を重ねて現在も主力

F-4ファントムIIはアメリカ海軍が全天候の艦上戦闘機としての能力を重視したことで「空中戦の兵器は空対空ミサイルだけ」とし、機関砲は装備しないことになりました。背景にはミサイル開発がアメリカで急速に進んでいたことがあります。本項と次項では、そのような当時のアメリカの空対空ミサイルの開発をファントムIIの主兵装である**サイドワインダー**と**スパロー**で見ていきます。

サイドワインダーは1940年代末に開発が開始された、赤外線誘導の短射程空対空ミサイルです。AIM-7スパローとともに、アメリカ軍だけでなく日本も含めた西側諸国の標準的な空対空ミサイルとして広く装備されました。試作ミサイルのXAAM-N-7(後にAIM-9A)は、1953年9月に最初の試射が行われました。

もともとはアメリカ海軍向けに開発されたものでしたが、後に空軍も採用し、1956年に両軍で最初の量産型**AIM-9B**が実用化されています。その後、AIM-9Bは陸・海・空3軍で個別に改良プログラムが進められることになり、陸軍は地対空型MIM-72シャパラル車載型地対空ミ

サイルを開発・実用化しました。海軍は赤外線シーカー改良型のAIM-9Dと、シーカーをセミアクティブ・レーダー型にしたAAM-N-7（AIM-9C）サイドワインダーIBを開発しました。AIM-9Cは、ヴォートF-8クルセイダー向けに開発されたものです。空軍はカナード翼を大型化して運動性を高め、シーカーとロケット・モーターに改良を加えたAIM-9Eの装備に進みました。

ここまでが初期のサイドワインダーですが、その後も**今日に至るまで改良**が続けられていて、視程内射程空対空ミサイルの主力の座を保ち続けています。

F-4Cとその搭載兵器を乗せたドリー（車輪付きの台）。上段に並んでいるのがAIM-9Jサイドワインダーで、カナード翼が三角の基部と長方形の組み合わせになるという、それまでのタイプに比べて大きな外形上の特徴を有している　写真提供：アメリカ空軍

5-04 スパロー
― 当初は命中率が悪すぎた

スパローはアメリカの初代**視程外射程空対空ミサイル**で、アメリカ海軍が主体となって開発したものです。ビーム・ライディング方式の超高速空中ロケット(HVAR※)として1946年に研究が開始され、1948年にAAM-N-2(後のAIM-7A)スパローI計画の誕生以降、今日まで就役している、最も歴史の長い空対空ミサイルです。

最初に実用化されたのが、ビーム・ライディング誘導のAAM-N-2(AIM-7A)スパローIで、続いてアクティブ・レーダー誘導のAAM-N-3(AIM-7B)スパローIIが作られました。スパローIは「命中率が悪い」という問題があり、特に**機動目標に対しては発射しても実際には命中しませんでした**。

その問題点を解消するために、1951年に開発がはじめられたのがセミアクティブ・レーダー誘導方式を使ったAAM-N-6(AIM-7C)スパローIIIで、その後のスパローの基本になりました。このタイプは1958年にアメリカ海軍で配備がはじまりました。その発展型であるAIM-7Eは新しいロケット・モーターを装備し、対進象限(真正面から向かい合う位置関係)からの最大射程は35kmに延びましたが、それでも後方象限からの射撃では有効射程が5km程度であり、また命中精度も低いという問題がありました。

ただ、アメリカが本格的にベトナムの戦いに関与することになり、25,000発以上という大量生産が行われました(交戦規定などの問題から実際の発射機会は限られていましたが)。また、アメリカの同盟国の標準的な視程外射程空対空ミサイルとして日本、カナダ、イタリアなどに引き渡されました。

※HVAR：High Velocity Aircraft Rocket

飛行中に捉えたF-4Eの胴体下面。スパローの搭載ステーションが、弾体に合わせて半円形の溝になっていること、そこにフィンを収めるためのスリットがあることがよくわかる
写真提供：アメリカ空軍

AIM-7Eスパローを発射したアメリカ海兵隊VMFA-314のF-4B。スパロー実用化の目処が立ったことが、アメリカで「ミサイル神話」を加速させたことは間違いない
写真提供：アメリカ海軍

5-05 空軍での採用
— 圧倒的性能でライバル機を蹴散らす

アメリカ海軍がマクダネルF4Hの採用を決めたころ、**アメリカ空軍もまた新戦闘機の装備を模索**していました。1961年に誕生したケネディ政権は空軍に対して「新戦闘機としてファントムIIを検討すること」を勧告しました。

アメリカ空軍は1961年、これに合意し、「ハイスピード」計画の名称で、**F4H-1**とコンベアF-106Aデルタダートの比較審査を行うため、アメリカ海軍からF4H-1を2機借用して飛行比較作業を実施しました。その結果、F4H-1は「速度性能、上昇性能、兵装搭載力、航続距離のあらゆる面でF-106Aを上回る」と高く評価されました。

さらに多用途戦術機としては、リパブリックF-105Aサンダーチーフと同等の機外兵装搭載能力を持ちながら、同機よりもはるかに高い制空戦闘能力を有し、また戦術偵察機としても「マクダネルRF-101A/Cブードゥより優れている」との評価も得たのです。

こうしてアメリカ空軍は1962年3月に、**F4H-1の陸上発進型を戦術機として導入すると決定**し、3月30日にF-110A 1機の購入趣意書をマクダネル・エアクラフトと交わしました。そしてF-110Aは「F4H-1をベースにするものの、対地攻撃能力を付与すること」「二重操縦装置を装備すること」「幅広の低圧タイヤを装備すること」「フライング・ブーム方式での空中給油を可能にすること」などを併せて求めました。その直後、アメリカ軍で使用している航空機について呼称を統一することが決まり、ファントムIIはアメリカ海軍・アメリカ空軍ともに「F-4」と呼ばれることになりました。

新しい戦闘爆撃機を必要としていたアメリカ空軍は、国防総省の意向もあって、F4Hを評価するためにアメリカ海軍からF4H-1を2機借り受け、F-110Aの制式名称を付けた。評価作業の成果は上々で、ほかに適した機種がないことから、アメリカ空軍もこの機種を採用することにした
写真提供：アメリカ空軍

F-110Aの2号機（F4H-1）。1960年代初めまでアメリカ空軍とアメリカ海軍は個別の方式で航空機に名称を付与していた。このためファントムⅡはアメリカ海軍では「F4H」、アメリカ空軍では「F-110」と呼ばれていたが、1962年に定められた航空機呼称統一法により、F-4とすることが決まった
写真提供：アメリカ空軍

最初の量産型F-4B
— 初受領はミラマー海軍航空基地のVF-121

F-4ファントムIIの最初の量産型がアメリカ海軍向けのF4H-1で、呼称統一後の制式名称は**F-4B**です。その初号機は1961年3月25日に初飛行し、AN/APQ-72レーダー、AN/AJB-3低高度爆撃システム（LABS※1）、AN/ASA-32アナログ式自動操縦および飛行操縦システム、AN/ASQ-19通信・航法・識別パッケージ装置などを備えました。また機首レドーム下には、AN/AAA-4赤外線捜索追跡装置（IRST※2）を装備しました。

※1 LABS：Low-Altitude Bombing System
※2 IRST：Infrared Search and Track

F-4B（F4H-1当時ですが）を最初に受領したのは、**ミラマー海軍航空基地**（NAS：Naval Air Station）に所在していた転換訓練部隊の**VF-121**です。1961年のはじめから配備を受けてパイロットの機種転換訓練を開始しました。

最初の実戦部隊は、大西洋艦隊だとNASオシアナ所在のVF-74“ビー・デビルズ”、太平洋艦隊ではNASミラマー所在のVF-114で、1961年中期から配備を受けています。そしてVF-74は1961年10月、空母運用認定を獲得した最初のF4H-1飛行隊となりました。F-4Bでは早い段階から、ソ連（当時）の地対空ミサイル・システムであるS-75ドゥビナ（SA-2“ガイドライン”）のミサイル誘導レーダーである“ファン・ソング”などに対するAN/ALQ-51欺瞞妨害装置や、AN/ALQ-100追跡回避妨害装置などを搭載していました。

1963年には、アメリカ海軍で**自動着艦システム**を評価するために、12機のF-4Bが改造されてF-4Gと名付けられました。AN/ASW-13双方向データリンク装置が搭載され、空母のAN/SPN-10レーダー、AN/USC-1データリンクと組み合わせることで、手放しでの空母着艦の試験が行われました。ただ、このタイプは制式採用されず、試験終了後にF-4Bの名称に戻されています。

F-4の最初の量産型は海軍向けのF-4Bである。写真はVF-84の所属機
写真提供：アメリカ海軍

艦上戦闘機の役割
―「我が家」を守るのが第一の任務

アメリカ海軍の空母にはそれぞれの任務が課せられた各種の航空機が搭載されています。冷戦終結後の今日、その種類は減り、主要機種は戦闘攻撃機、電子戦闘機、空中早期警戒機、ヘリコプターになっていますが、F-4が主力戦闘機となった1970年代初頭には**多数の機種が空母に配置**されていました。一例として、1973年に空母「ジョン F. ケネディ」(CVA-67)に配置されていた第1空母航空団を挙げておきます。

- 戦闘機：F-4B 2個飛行隊
- 攻撃機：A-7B 2個飛行隊
- 全天候攻撃機/給油機：A-6A/KA-6D 1個飛行隊
- 偵察機：RA-5C 1個飛行隊
- 電子戦部隊：EKA-3B 1個分遣隊
- 空中早期警戒機：E-2B 1個飛行隊
- 多用途ヘリコプター：SH-3G 1個分遣隊
- 輸送機：C-1A 1個分遣隊

これら艦上機の中で、艦上戦闘機の任務は、空母自体およびその周辺の海上において**空母打撃群**(F-4当時の名称は空母戦闘群)を構成する艦艇を敵の航空攻撃から守り、敵航空脅威を排除することです。このため、常に兵装搭載や整備などの準備を整えた戦闘機が2機用意されており、通常は甲板上の左舷後方とアイランド(艦橋)前方下に置かれています。そして状況によってはカタパルトに設置されて、発進発令後5分以内に出撃する態勢に置かれることもあります。こうした待機態勢は**レディ・ファイブ**と呼ばれています。

カタパルト発進を行うF-4B。艦上戦闘機の最重要任務は、空母を中心とする打撃群の艦隊を敵の航空攻撃から守ることである。このため、戦闘機は常に最低2機が緊急発進可能な態勢に置かれている

写真提供：アメリカ海軍

1960年代末から1970年代初頭、空母「コンステレーション」（CVA-64）配備当時の第9空母航空団所属機による編隊飛行。手前はVF-92のF-4J、奥はRVAH-11のノースアメリカンRA-5Cヴィジランティ重偵察機

写真提供：アメリカ海軍

5-08 F-4CとF-4D
― 空中給油装置や核爆弾投下能力を付与

アメリカ空軍向けの最初の量産型が**F-4C**（旧F-110A）で、1963年5月27日に初飛行しました。F-4Bをベースにしたものだったため試作機は作られていません。基本的な機体形状はF-4Bと同じですが、コクピット後部の胴体背部には**フライング・ブーム**による空中給油用の開閉式受油口が追加装備されました。

搭載電子機器は大幅に変更されて、レーダーは対地マッピング能力を追加したウエスチングハウスAN/APQ-100になり、AIM-7スパロー誘導用のAN/APA-157継続波照射装置を備えました。爆撃システムはAN/AJB-7で、あらゆる高度からの核爆弾の投下を可能にしたほか、オプションでブルパップ空対地ミサイルの運用能力も付けられました。航法装置はAN/ASN-48慣性航法装置とAN/ASN-46航法コンピューターの組み合わせです。

F-4Cの改良型が**F-4D**です。1964年3月に装備が決定され、その初号機は1965年12月7日に初飛行しました。機体フレームやエンジンはF-4Cと同じですが、レーダーをソリッドステート式のAN/APQ-109Aに変更、慣性航法装置はAN/ASN-63に更新され、AN/AJB-7にはレーザー誘導兵器の投下管制装置であるAN/ASQ-91が連結されました。AN/AAA-4用の装備は行わず、一部の機体ではそのフェアリングがなくなっています。攻撃兵器はGBU-8およびGBU-15 TV誘導爆弾を搭載できるようになり、兵器システム士官はテレビ表示装置を使って目標を指示できます。F-4Dでは、さらにペイヴ・ファントム計画としてAN/ARN-92 LORAN※-D航法装置が追加装備され、胴体背部に付けられたアンテナは、その形状から**タオル・バー・アンテナ**と呼ばれました。

※LORAN：LOng-RAnge Navigation（長距離航法）

アメリカ空軍向けの最初の量産型であるF-4C。 海軍のF-4Bと基本的に同一の機体である。主翼下に搭載しているのはAGM-12ブルパップ空対地ミサイルで、 核弾頭装備型もつくられた
写真提供：アメリカ空軍

形状はF-4Cと変わらないが、 搭載機材のアップグレードなどを行ったアメリカ空軍のF-4D。写真の機体のように胴体背部にAN/ARN-92 LORAN-D用の「タオル・バー（タオル掛け）・アンテナ」を装備したものもあった
写真提供：アメリカ空軍

5-09 機関砲ポッド
— ベトナムの実戦で必要とわかった

F-4ファントムIIが開発された当時は**ミサイル万能論**が唱えられはじめた時期で、「空対空ミサイルを搭載できれば、それで遠距離から敵航空機を撃破でき、接近しての空中戦にはならない」との考えが主流となっていました。このためF-4には、従来の戦闘機のような機関銃・機関砲を固定装備しないことになりました。しかし実際のところ空対空ミサイルは百発百中ではなく機関砲の復活が求められるようになり、**機関砲ポッドが開発された**のです。

F-4用で最も有名なのがM61A1 20mmバルカン砲を収めた**SUU-16/A**で、胴体中心線下にこのポッドを搭載しました。また、主翼下にも搭載が可能とされましたが、一部のスペイン空軍機が例外的に行った以外、搭載例はほとんど見られません。ポッドの先端には小型の風車があり、これによりラム・エア・タービンを発電させ、機関砲の動力に用いました。これによりM61A1の最大射撃率である毎分6,000発の射撃が可能でしたが、飛行速度が260ノット(482km/h)以上でないとこの射撃率は得られません。弾薬は最大で1,200発を収容できました。

その改良型が**SUU-23/A**で、機関砲駆動用の動力源を内蔵したことでラム・エア・タービンを廃止し、飛行速度に関係なく最大射撃率での射撃を可能にしました。このポッドの大きな問題点は機外の搭載ステーションを塞いでしまうことで、胴体中心線下に増槽を装着できず、行動半径がかなり縮小されてしまいました。また、増槽とは異なり投棄できないため、**常に大きな抵抗を受ける**こととなりました。アメリカでこれらのポッドを装備したのは空軍だけでした。

ベトナム戦争で実戦を経験すると機関砲が「必需品」であることが再認識された。これにより機関砲ポッドを携行するようになった。写真は20mmバルカン砲を収めたSUU-23/A機関砲ポッドを胴体中心線下に装着したF-4D
写真提供：アメリカ空軍

F-4Dの胴体中心線下に装着されたSUU-23/A機関砲ポッド。SUU-16/Aの改良・発展型で、電気システムを内蔵して機関砲の駆動などに使用したことで、射撃の制約が大幅に緩和された
写真提供：アメリカ空軍

5-10 F-4Eの誕生
— 機関砲をポッドではなく内蔵

1961年にマクダネル・エアクラフトは機関砲内蔵型のファントムIIを提案しましたが、当時はほとんど無視されていました。しかし、1964年にも新たに提示すると、機関砲の必要性を認識しはじめていた空軍が関心を示し、1965年6月、**機関砲内蔵型の開発を承認**したのです。当初の設計案は、偵察型RF-4C（**5-13**参照）の細く尖った機首を使用し、内部にAN/APG-30レーダーを搭載、その下にM61A1 20mmバルカン砲を装着するというものでした。まず、試作機YRF-4Cがこの仕様に改造されました。この機体には暫定的にYF-4Eの名称が与えられ、1965年8月7日に初飛行しました。飛行試験の結果は上々で、搭載場所は「機首レドーム下が最適」とされました。しかし、弾倉などの収納スペース確保が難しく、**機首部を再設計するとともにわずかに延長**して、それらの収納スペースを確保することとしたのです。

この結果、F-4Eの全長はF-4C/Dよりも1.43m長くなりました。また同様の理由から、レーダーも小型化する必要があり、ウエスチングハウスが開発したソリッドステート式のAN/APQ-120が搭載されることとなりました。このレーダーはアンテナ直径も小さく、機関砲の搭載の妨げにはなりませんでした。

量産型F-4Eの初号機は、1967年6月30日に初飛行しました。2号機では水平安定板前縁に固定式スラットが付けられ、運動性の大幅な向上などが確認されたことで、その後のF-4Eの全機に付けられました。その後もいくつもの改良が加えられましたが、外形面で目立つのは、後期生産型で**AN/ASX-1電子光学目標識別装置**（TISEO※）が、左主翼前縁に装備されたことでした。

※TISEO：Target Identification System, Electro-Optical

機首にM61A1 20mmバルカン砲を固定装備したF-4E。これ以降、戦闘機への機関砲の内蔵固定搭載をアメリカ空軍は続けていて、最新世代のF-22AとF-35Aも同様である。しかしアメリカ海軍とアメリカ海兵隊は、F-35B/Cで機関砲を内蔵装備せず、必要に応じてポッドを携行する方式を選んだ
写真提供：アメリカ空軍

西ドイツのハーン基地に駐留していた第50戦術戦闘航空団第496戦術戦闘飛行隊のF-4E。左主翼前縁のほぼ中央にある円筒形のフェアリングがAN/ASX-1 TISEOの収納部である
写真提供：アメリカ空軍

AN/ASX-1 TISEOの収納部のクローズアップ。その機能はグラマンF-14Aトムキャットの機首にあるAN/AXX-1テレビカメラ・セットと同じである
写真：著者所蔵

5-11 海軍型の発展① F-4JとF-4N
― F-4Jはルック・ダウン能力を得た

アメリカ海軍・海兵隊向けファントムIIの最初の改良・発展型が**F-4J**です。F-4B 3機が試作機YF-4Jに改造され、初号機は1965年6月4日に初飛行しました。改良型の開発は、搭載電子機器の近代化と離着陸性能の改善に主眼が置かれ、火器管制システムはAN/APQ-59レーダーを中核とする**AN/AWG-10**に変更されました。AN/APQ-59は世界初の実用パルス・ドップラー・レーダーで、ドップラー・シフトの活用により、背景のクラッター(乱反射による雑音信号)の中を移動する目標をピックアップすることが可能となり、下方を飛行する目標を捕捉・追跡する**ルック・ダウン能力**を獲得しています。こうしたレーダーの能力向上からAN/AAA-4 IRSTが撤去され、機首部下面の膨らみがなくなりました。また、離着陸性能の改善では、アメリカ空軍がF-4Eで採用した**固定式スラット付き水平安定板**を導入しました。

海軍はさらに1970年に「ビー・ライン」計画の名称で、F-4Bの近代化改修を行うことを決め、スラット付き水平安定板を取り付ける一方、主翼前縁の内翼部フラップは下がらないように固定しました。これにより着艦速度の低速化を実現すると同時に、超音速飛行からの減速時に生じた問題を解決しました。これが**F-4N**で、改造初号機が1972年6月4日に初飛行しました。F-4NはF-4Bのままの部分も多く、レーダーは同じAN/APQ-72、機首下面のN/AAA-4 IRSTもそのまま装備されました。他方、ECM装置は、AN/ALQ-126または同-126Bを装備することとなり、先端部を黒く塗った細長いアンテナが空気取り入れ口上部側面に付けられました。

アメリカ海軍向け2番目の量産型であるF-4J。機首下面にあったAN/AAA-4 IRSTが廃止されたことで、機首下側のラインがすっきりしている　写真提供：アメリカ海軍

米空母「コーラル・シー」（CVA-43）の艦上で発進位置に着いたF-4N。手前は昼間攻撃機のヴォートA-7EコルセアⅡ　写真提供：アメリカ海軍

5-12 海軍型の発展② F-4S
― 空戦スラットの装備で旋回性能が約50%向上

アメリカ海軍・海兵隊最後の戦闘機型ファントムIIとなったのが**F-4S**です。F-4Jから265機(248機とする資料もあります)が改造されました。F-4Sの改修ポイントの一つは、機体フレームや降着装置の強化による運用寿命の延長で、点検の結果によっては必要な補強なども行われています。それ以上の大きな改良点が、主翼前縁のフラップに替えて**空戦スラット**を装備したことです。F-4Jは、主翼本体との間に隙間が生じない前縁フラップを装備していましたが、このスラットを装備したことで、空戦時の旋回性能が50%程度向上したとされています。この空戦スラットは、飛行迎え角に応じて自動的に作動するもので、機首上げが進んで迎え角が11.5ユニット程度まで増えると自動的に下がり、10.5ユニット程度に減るまでは下がり続けています。またスラット・オーバーライド・スイッチを「アウト」の位置にしている場合は、飛行速度が568～602ノット(1,052～1,115km/h)以上であれば、迎え角にかかわらずスラットは自動的に引き込まれます。ただ、このスラット・システムの開発に時間がかかったため、最初の43機のF-4Sはこれを装備できず、後に追加装備改修を受けています。

そのほかの改良点は、火器管制システムがデジタル式のAN/AWG-10Bとなったほか、AN/ARC-159二重UHF無線機などが装備されました。F-4Sの改修初号機(158360)は1977年7月22日に初飛行して配備され、1987年5月14日に海軍のVF-202配備のF-4Sが退役、1992年1月18日には、海兵隊のVMFA-112配備のF-4Sも退役して、アメリカ海軍・アメリカ海兵隊から戦闘機型ファントムIIが姿を消しました。

F-4ファントムIIの最終生産型となったF-4S。海軍と海兵隊の双方が運用した。写真は海軍のVF-103の所属機である
写真提供：アメリカ海軍

陸上基地で主翼を折りたたんで整備作業を受けるアメリカ海兵隊VMFA-235所属のF-4S
写真提供：アメリカ海軍

5-13 偵察型RF-4BとRF-4C
— 実際に運用したのはアメリカ空軍とアメリカ海兵隊

戦術写真偵察型RF-4の導入を最初に決めたのはアメリカ空軍です。1962年5月29日に試作機YRF-110A 2機の購入趣意書に署名しました。初号機は1963年8月9日に初飛行しました。なお、1962年9月に行われた呼称統一により、制式名称はYRF-110AがYRF-4Cに、量産型のRF-110AはRF-4Cになっています。

RF-4Cは機首部の設計を変更して、内部に3台のカメラを装着するカメラ・ステーションを設けました。このため機首のAN/APQ-72レーダーは、より小型で簡素なAN/AP-99に変更されています。兵器類の運用能力はなく、地形回避および地形追随機能と地上マッピング・モードを持つだけです。

アメリカ海軍もF4Hの偵察型についてF4H-1Pとして装備を検討していましたが、当初はF8Uクルセイダーの偵察型である「F8U-1Pで十分」とされたため開発には入りませんでした。しかし、F8U-1Pには夜間の偵察能力が欠けていたので、1963年2月に海兵隊がF-4Bを偵察機とするRF-4Bの調達を決定しました。

RF-4Bは、基本的に空軍型のRF-4Cと同様の無武装の戦術偵察機で、偵察器材の搭載方法や種類なども同じです。RF-4Bの初号機は1965年3月12日に初飛行し、1975年にはセンサー・アップデートおよび再生努力(SURE※)と呼ぶ能力向上改修が、その時点まで残っていたRF-4B全機に対して行われました。

主な内容は、機体フレーム各部の強化のほか、航法装置のAN/ASN-92への変更、AN/ASW-25Bデータリンクの装備、側視レーダーのAN/APD-10Bへの換装、赤外線偵察システムAN/AAD-4のAN/AAD-5への換装などでした。

※SURE：Sensors Update and Regeneration Effort

F-4の偵察型の検討を先に行ったのはアメリカ空軍で、1962年に試作機YRF-110の購入を約束した。その量産型が写真のRF-4Cである。このRF-4Cと基本的に同じで輸出型としたのがRF-4E
写真提供：アメリカ空軍

アメリカ海軍・海兵隊も新戦術偵察機が必要な時期だったので、アメリカ空軍のRF-4Cをベースに、アメリカ海軍向け仕様とする機体をRF-4Bの名称で装備することにした。しかし、実際にRF-4Bを運用したのはアメリカ海兵隊のみで、アメリカ海軍の空母航空団には海兵隊の偵察飛行隊の分遣隊が送られることになった
写真提供：アメリカ海軍

5-14 輸出の成功
― 1,634機も海外に販売

アメリカは西側の同盟諸国に、戦闘機をはじめとする軍用機を供給することで、冷戦下の東西航空戦力の均衡を保つ責務を負っていました。そして、同盟国の中でも**経済基盤がしっかりしている先進国向けの戦闘機としてF-4を供給**することにしました。

最初の輸出国となったのがイランです。1967年にF-4D 32機を販売する契約が交わされました。さらに1971年からはF-4EとRF-4Eの発注も行われ、最終的に各型合わせて225機を購入しています。F-4は高級・高価な戦闘機であり、また保全上の問題もあったのでアメリカ政府が輸出を承認する国は限られましたが、それでもイギリス、西ドイツ（当時）、スペイン、ギリシャ、トルコ、イスラエル、エジプト、韓国が購入し、その総数は1,634機（RF-4を含む）にも達しました。このほか、日本で140機をライセンス生産しており、こうした輸出での成功が、**F-4の総生産機数を5,195機にまで押し上げた要因の一つ**です（日本でのライセンス生産機を含む）。

アメリカ以外に単独で最も多くのF-4を購入したのはイスラエルで、F-4Eを274機、RF-4Eを12機、計286機を導入しました。続いて西ドイツが、F-4F 175機とRF-4E 88機の計263機を受領しています。これに続くのが前記のイランで、F-4D、F-4E、RF-4Eを計225機、購入しています。ほかに200機以上導入した国としてはトルコ（223機）と韓国（222機）がありますが、韓国のF-4D 92機とRF-4C 27機は旧アメリカ空軍機で、新規製造機ではありません。イランの機体はイスラム革命後も保有され続けており、現在も60機程度が運用されていると見られます。

F-4のサクセス・ストーリーは、F-4Dのイラン輸出成功からはじまったといってよい。アメリカと親密な関係にあった帝政当時のイランは経済的にも豊かで、アメリカの最新兵器を次々に購入した。F-14トムキャットを導入した唯一の海外国でもある。写真のF-4Dは受領後にイランが独自に改造し、機首下側のIRSTのフェアリングがなくなっている　写真：著者所蔵

AIM-4ファルコン空対空ミサイルを4発搭載してタキシングする、イラン空軍のF-4E。主翼下内側ステーションに2発ずつというのがファルコンの最大搭載形態である　写真：著者所蔵

5-15 イギリス向けファントム① 海軍
― エンジンはロールスロイスに変更

アメリカ海軍と同様に縦通甲板を持つ通常型空母を装備していたイギリス海軍は、1960年代に入ると艦上戦闘機のデハビランド・シービクセンの後継戦闘機を検討しはじめました。垂直/短距離離着陸(V/STOL※)能力を持つ超音速戦闘機の国内開発などが検討されましたが、最終的には「アメリカからF-4を購入するのが最も費用対効果に優れる」とされ、1964年7月1日に、F-4Jをベースにアメリカ海軍のものより小さなイギリス海軍の空母で運用できるようにするイギリス海軍の要求を取り入れたタイプの採用を決めました。これが**F-4K**で、試作機のYF-4Kは1966年6月27日に初飛行しました。

F-4Kの最大の特徴は、エンジンにJ79ではなく、自国製の**ロールスロイスRB.168-15Rスペイ20**(ドライ時最大推力54.5kN、アフターバーナー時最大推力91.3kN)ターボファンを装備したことです。J79よりも推力が大きくなったことで全般的に性能が向上し、さらにフラップへの吹き出し力が強くなったため、**より低速で着艦進入できる**ようになりました。

一方、より大量の空気流をエンジ

※V/STOL : Vertical and/or Short Take-Off and Landing

ンに供給する必要が生じたことで、空気取り入れ口の開口部は約20％大型化されました。また、より短距離で小型空母から発艦できるよう前脚の伸張は2段階式となって、最大で40インチ（1.02m）伸ばせるようになり、発艦時の迎え角をより大きくできるようにされました。

機首のレーダーはAN/AWG-10をイギリスでライセンス生産することとなりAN/AWG-11と名付けられました。レーダー警戒受信機はマルコーニ（現エリクソン）が開発したARI18228を装備しました。F-4Kのイギリス海軍制式名称は**ファントムFG.Mk1**です。

イギリス海軍の空母「アーク・ロイヤル」から発艦するイギリス海軍第892飛行隊のファントムFG.Mk1。イギリスはイランに次いで2番目のファントムII採用国で、搭載装備品を極力、イギリス製のものに変更している。エンジンはロールスロイスのスペイ20ターボファンになり、より大量の空気を吸入できるようにするため空気取り入れ口が拡大された　写真提供：イギリス海軍

5-16 イギリス向けファントム② 空軍
— フォークランド紛争のあおりで追加購入

1965年2月にはイギリス空軍も、海軍と同様にスペイ・ターボファンを装備したファントムの採用を決めました。これが**F-4M**です。イギリス空軍ではファントムを**戦闘（F※）**と**対地攻撃（G※）**のほかに**偵察（R※）**にも使用することとしたことから、制式名称は**ファントムFGR.Mk2**になりました。F-4Mの初号機は、1967年2月17日に初飛行しました。海軍型との最大の違いは、火器管制レーダーが慣性航法・攻撃システムと連接されたAN/AWG-12になったことで、着艦性能関連の装備も不要となったことから、水平安定板前縁のスラット、2段の前脚伸張システム、下げ角を大きくしたドループ・エルロンなどは装備されていません。

1982年に、アルゼンチンとの間でフォークランド紛争が勃発し、3カ月あまりの戦いの末、フォークランド諸島の主権をイギリスは保持し続けることになりましたが、その防衛のために戦闘機を配備することにしました。この任務にはファントムFGR.Mk.2が最適だったのですが、フォークランド島に回すと本土での配備機数が不足したので、アメリカ海軍からF-4Jを購入して充てることにしたのです。これが**F-4J（UK）**と呼ばれるもので、15機を購入しました。当初、これらはファントムF.Mk3の制式名称が与えられる予定でしたが、装備を開始していたトーネードF.Mk3と名称が混同しやすいという理由で採用されず、F-4J（UK）と呼ばれることとなりました。F-4J（UK）は、基本的にはアメリカ海軍のF-4Jのままですが、着艦進入補正装置などの艦上運用装備は外され、データリンクや妨害装置セットなどはイギリス製のものに変更されています。

※F：Fighter
※G：Ground Attack
※R：Reconnaissance

イギリス空軍もイギリス海軍と同様にスペイ・ターボファン装備のタイプを、ファントムFGR.Mk2として装備した。レーダー警戒装置の変更で垂直安定板頂部が細長い長方形になっている。写真はアメリカ海軍VF-32のF-14A（手前）と編隊飛行を行うイギリス空軍第19（F）飛行隊の所属のファントムFGR. Mk2

写真提供：アメリカ海軍

フォークランド諸島の防衛を強化するためイギリス空軍は戦闘機部隊を東フォークランド島のマウント・プレザント空軍基地に配置することにした。しかし本国配備の戦闘機の数が不足することになったためアメリカ海軍からF-4Jを購入した。これがF-4J（UK）である。エンジンの変更などの大規模な改修は行わず、基本的にはアメリカ海軍機と同じ仕様のままであった

写真提供：イギリス空軍

5-17 ドイツ向けF-4FとF-4F ICE
— 敗戦国には認められなかったスパロー

ファントムIIの主要な装備国の一つがドイツです。ドイツが東西に分けられていた当時の1971年、西ドイツが採用を決めました。西ドイツは北大西洋条約機構（NATO※1）の主要構成国の一つでしたが、日本と同様に第二次世界大戦を引き起こし、敗戦国となった国なので、戦後の軍備にはいくつもの制約が課せられていました。そうしたなかで西ドイツはF-4Eの導入を決めたのですが、中射程空対空ミサイルの装備は承認されず、そのためAIM-7スパローの運用能力が外されました。さらに、各種の空対地攻撃兵器の搭載能力も外されて、純粋な迎撃戦闘機となりました。これがF-4Fで、初号機は1973年5月18日に初飛行しました。

西ドイツは空軍向けにF-4Fを175機導入して運用し続けましたが、日本と同様「将来に向けて能力向上が必要である」と判断し、1983年末、次世代戦闘機が誕生するまでの戦闘機戦力を維持するため、F-4Fに戦闘効率改善（ICE※2）計画を実施することにしました。この計画も日本のF-4EJ改と同様に、主眼はレーダーの変更で、F/A-18ホーネットが装備したAN/APG-65を装備することになりました。

NATOにおけるドイツの役割は時代とともに変わり、中射程空対空ミサイルの装備も認められるようになりました。F-4F ICEはAIM-120 AMRAAMを装備することとなり、そのまま残されていたAIM-7スパロー用の半埋め込みステーション4カ所に搭載可能にされました。デジタル式火器管制コンピューターを装備し、エアデータ・コンピューターと慣性航法装置なども新型化しています。F-4F ICEの試作改修機は、1989年7月に初飛行しました。

※1 NATO：North Atlantic Treaty Organization
※2 ICE：Improved Combat Efficiency

なお、ギリシャ空軍もF-4F ICEと同様の能力向上改修を自軍のF-4Eに実施し、AIM-120 AMRAAMの運用能力を付与しています。F-4F ICEの改修作業はドイツのMBB（後にDASA。現EADSジャーマニー）が行っており、どちらの国のF-4Eの能力向上もDASAが実施しました。

ドイツ空軍JG74所属のF-4F。1971年、当時の西ドイツも新戦闘機としてF-4Eの導入を決めたが、日本と同様に第二次世界大戦の敗戦国である西ドイツにも軍備の能力に制約が課せられていた。F-4Eの場合はAIM-7スパロー中射程空対空ミサイルの運用能力がそれにあたり、この機能を外した専用型F-4Fが製造されたのである　写真提供：アメリカ空軍

ドイツもF-4Fの能力向上を「ICE計画」の名称で実施した。レーダーをF/A-18ホーネットのAN/APG-65に換装し、AIM-120 AMRAAMを搭載することで、F-4Fが失っていた中射程空対空ミサイルの運用能力を獲得している。写真はJG71所属のF-4F ICE。今日では上のJG74とともにユーロファイターへの機種更新を終えている　写真提供：EADS

5-18 イスラエル向け「クルナス」
― 電子機器はより高性能な国産品に換装

イスラエルは、中東地域におけるアメリカの重要な同盟国の一つです。アメリカはアラブ諸国に囲まれて孤立しているユダヤ国家のイスラエルに対して軍事的な支援を惜しみません。今日に至るまで常に最新戦闘機の供給を続けており、F-4当時も例外ではなく、274機のF-4E（他にRF-4E 12機）を引き渡しています。これによりイスラエル空軍は、**アメリカ空軍以外で最も多数のF-4Eを装備した空軍**になっています。

イスラエルでは、軍の航空機に独自の名称を付けていて、F-4は**クルナス**（ヘブライ語で金槌、鉄槌の意味）です。またイスラエルは、航空機搭載用電子機器などで非常に高い技術力を有していて、オリジナルの搭載品に替えて装備している例が多々ありま

イスラエル空軍のF-4Eによる編隊飛行。イスラエルは空軍のF-4Eに、クルナスという独自の制式愛称を付与した　写真：著者所蔵

す。クルナスも、航法・攻撃用電子機器、レーダー警戒受信機などがイスラエルの独自開発品に変更されています。

また初期の機体は、バルカン砲口部のフェアリングが短いタイプでしたが、後に標準型に直されました。一部の機体はコクピット近くに着脱式の空中給油用プローブが付けられ、**プローブ&ドローグ方式**（給油機から延びたドローグ・ホースの先端にあるバケットをプローブで捉える方式）での空中給油もできるようにされました。

真上から見たクルナス。コクピット右側方に空中給油用のプローブがあるが、これはイスラエルが受領後に独自の改造で装着したものである　写真提供：イスラエル国防省

5-19 クルナス2000とF-4X
― エンジンの換装も計画されたが……

イスラエルもまたクルナスに**能力向上改修**を実施しています。レーダーはノルデンAN/APG-76多モード合成開口レーダーに換装、イスラエルのエルビトが開発したACE-3ミッション・コンピューターを搭載し、HUDを装備するなど電子機器をアップグレードしました。これらは日本やドイツも同じですが、イスラエルはさらにエンジンも変更しました。

選ばれたエンジンはプラット&ホイットニーPW1120ターボファン(ドライ時61.2kN、アフターバーナー時91.6kN)です。エンジンを2基とも換装した初号機は、1987年4月27日に初飛行し、電子機器だけを変更した試作機は、1987年7月15日に初飛行しました。

これらの改修を取り入れたのが**クルナス2000**と呼ばれた機体計画ですが、費用対効果やエンジン取得性の問題から、量産型クルナス2000はJ79エンジンのままで電子機器だけが変更されました。

クルナス2000とほぼ同様の能力向上は、トルコが保有するF-4Eにも実施されています。ただしレーダーはエルビトのEL/M2032で、**F-4E/2020ターミネーター**と呼ばれています。

F-4をマッハ3級の高高度偵察機にしようという計画が、**F-4X**でした。機首にHIAC-1長焦点斜めカメラを搭載して「スタンドオフ偵察能力を持たせる」というもので、マッハ3の最大速度を達成するために、J79エンジンのパワーアップや、空気取り入れ口の設計変更などが計画されました。しかし研究が進むと、「この種の偵察機の必要性はない」と考えられるようになり、実現には至りませんでした。他方、HIAC-1カメラを収めたG-139偵察ポッドが開発されました。

イスラエルがクルナスに独自の能力向上改修を加えたクルナス2000。当初はエンジンの換装も計画されたが、量産型は搭載電子機器のアップグレードのみにとどまった

写真提供：イスラエル国防省

図　F-4Xで計画されていた主な改造点

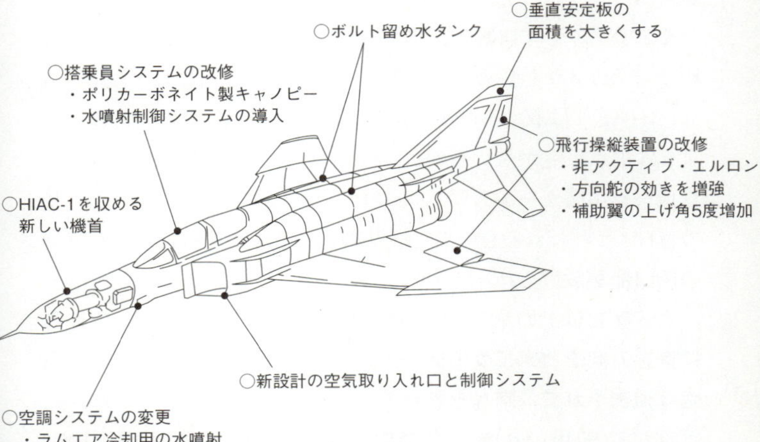

マッハ3以上の速度性能を持つ高高度偵察機として計画されたものである

5-20 イスラエルの偵察型F-4E(S)
— 敵国の偵察に「極めて有益」

前項で記したHIAC-1長焦点斜めカメラを収容した**G-139偵察ポッド**はアメリカ空軍で各種の試験が行われた後、イスラエル空軍に引き渡されました(アメリカ空軍は装備しませんでした)。イスラエルは、このポッドが敵対関係にあるエジプトなどの情勢を把握する航空偵察に「極めて有益」であるとして運用しました。

しかしHIAC-1カメラ・システムは、全長が約6.1m、重量が1.5トンもある大型のもので、それを収めたG-139も当然大きなポッドになり、飛行中に大きな抵抗を生じました。その結果、飛行速度が遅くなり行動半径も短くなるなど、各種性能の低下という問題をもたらしました。例えば**最大速度はマッハ1.5に制限され、最大上昇限度も15,000mを下回る**ことになりました。

そこでイスラエルはF-4Eのレーダーを外して、そこに通常の長距離斜めカメラを装着する偵察機改造を行うことにしました。結局、HIAC-1は収められませんでしたが、RF-4E用の斜めカメラよりは焦点距離が長いものといわれています。この長距離斜め写真偵察専用機が**F-4E(S)シャブロール**(ヘブライ語でカタツムリの意味)と呼ばれるもので、機首のレドームは左右にカメラ窓用の開口部が設けられ、メッシュが張られています。

カメラ窓は4カ所ですが、搭載できるカメラは1台で、発進前に撮影方向を決めてカメラをセットする方式と見られます。機関砲は撤去されて、砲身を覆っていたフェアリングは短くされ、先端部に冷却用の小さな空気取り入れ口が付けられています。F-4EからF-4E(S)に改造されたことが確認されているのは、機番183、492、498、499の4機だけです。

イスラエルがクルナスをベースに独自で改造して完成させた偵察型のF-4E（S）。機首部に長焦点斜めカメラを搭載し、レドームに開口部を設けて撮影できるようにしている。レーダーや機関砲は取り外された　写真提供：OFER ZIDON

RF-4E（上）と編隊飛行を行うF-4E（S）。機首部も茶色なので、大きく開けられたカメラ用開口部がよくわかる　写真：著者所蔵

スーパー・ファントム計画
― 当時最先端の慣性航法装置を搭載

日本などがF-4の能力向上を計画したのとほぼ同じ1980年代中期に、アメリカでもボーイングが**スーパー・ファントム**と名付けたF-4Eの近代化アップグレード計画を発表しました。ただ、アメリカ空軍はすでにF-4Eの後継機としてF-15イーグルの導入を決めており、さらには1975年に採用を決めたF-16ファイティング・ファルコンを戦闘爆撃機に発展させようとしていた時期でした。そのため、アメリカ空軍はこうした案にまったく関心がなく、このアイデアはF-4を導入していた諸外国向けのものでした。

スーパー・ファントムでは、日本のF-4EJ改などと同様に**搭載電子機器の変更が柱の一つ**とされ、レーダーはF-4EJ改と同じAN/APG-66となり、マルコーニ（現エリクソン）製のHUDを備えるとされました。航法装置はF-20タイガーシャーク向けに開発されていたハニウェル製のリングレーザー・ジャイロ慣性航法装置が装備されました。この慣性航法装置は、1時間の飛行での位置誤差1海里（1.85km）以内を実証していました。速度誤差も垂直方向で毎秒2ft（0.6m）、水平方向が毎秒2.5ft（0.8m）という、**当時としては非常に高い能力**を有するものでした。

ボーイングは、スーパー・ファントムでさらにエンジンの換装も考えていました。イスラエルがクルナス2000に使用したのと同じプラット＆ホイットニーPW1120にし、加速力や旋回性能を高めることを考えていました。加えて胴体下面に密着して取り付ける大型のコンフォーマル型燃料タンクを開発し、抵抗を増やさずに燃料搭載量を増して行動半径を広げることも計画されましたが、製造されることはなく、計画のみに終わりました。

●ボーイングが発表したスーパー・ファントムの特徴

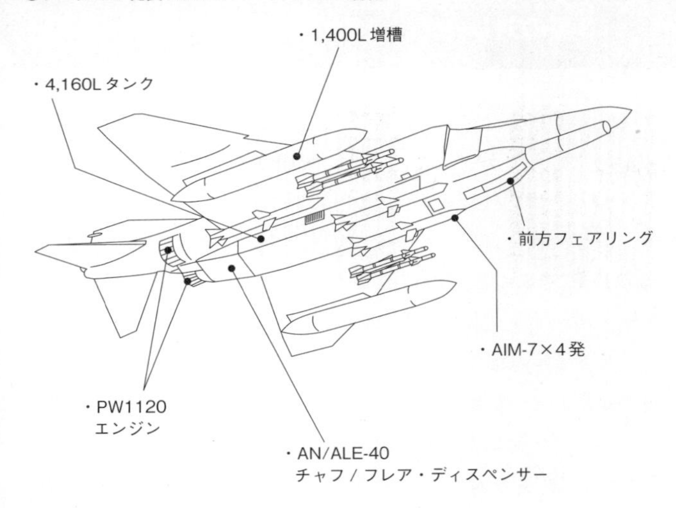

イスラエルが独自に改良したクルナス2000の改修試作機もスーパー・ファントムと呼ばれており、その名称が胴体に大きく書かれている。ボーイングもイスラエルもエンジンをプラット&ホイットニーPW1120に変更することを考えていた　写真提供：イスラエル空軍博物館

5-22 防空制圧機：ワイルド・ウィーズル

― アメリカ軍が装備した3種の対レーダー・ミサイルを運用

アメリカ空軍が早くからF-4に与えていた重要な任務が、敵防空の制圧（SEAD※1）でした。こうした任務に使われる機体は**ワイルド・ウィーズル**（野イタチ）と呼ばれ、F-100Fスーパー・セイバー、F-105Gサンダーチーフなどが用いられてきました。F-4でも一部のF-4Cをこの任務用に改装することになり、AN/APR-25レーダー・ホーミングおよび警戒装置（RHAWS※2）の装備や対レーダー・ミサイルの運用能力が付与されました。

SEAD用F-4の最終型は**F-4G**で、F-4Eを改造してつくられました。レーダー発信源の探知用にAN/APR-38 RHAWSを備え、センサーは機体各部に計52個装備されました。一部はM61A1 20mmバルカン砲を外して搭載し、さらに器材収納のため、砲口フェアリングが前方に延ばされました。垂直安定板頂部も太い円筒形にして、センサーなどを収めています。

F-4Gの改造初号機は1979年10月26日にロールアウトし、134機が改造されました。1982年10月には、F-4Gに対する性能のアップデートが実施され、AN/APR-38に替えてAN/APR-47電磁輻射源位置把握装置（ELS※3）が搭載されました。これは**ウィーズル攻撃演算装置**（WASP※4）とも呼ばれるもので、軍規格1705A電子戦コンピューターと連動して機能することで探知・攻撃精度が向上しました。主要攻撃兵器はレーダー電波発信源に向かって誘導飛翔する**対レーダー・ミサイル**で、アメリカ軍が装備した3種の対レーダー・ミサイル（AGM-45、AGM-78、AGM-88）すべてを運用できました。F-4Gは1996年3月26日に退役し、アメリカ空軍による戦闘型ファントムIIの運用はこれで終わりました。

※1 SEAD：Suppression of Enemy Air Defenses
※2 RHAWS：Radar Homing And Warning System
※3 ELS：Emitter Location System
※4 WASP：Weasel Attack Signal Processor

リパブリックF-105サンダーチーフのワイルド・ウィーズル型であるF-105G。第388戦術戦闘航空団第1ワイルド・ウィーズル飛行隊の所属機として、ベトナム戦争中にタイのコラート基地に展開していたときのもの　撮影：アメリカ空軍

AGM-45シュライク対レーダー・ミサイルを搭載したF-4Cのワイルド・ウィーズル型。アメリカ空軍の第18戦術戦闘航空団第44戦術戦闘飛行隊の所属機である　写真提供：アメリカ空軍

初代ファントム「マクダネルFH」

ヨーロッパでドイツがポーランドに侵攻し、第二次世界大戦の幕開けとなった1939年9月よりも少し前の7月29日に、アメリカ・ミズーリ州でマクダネル・エアクラフトが創設されました。同社は第二次世界大戦中には、実用航空機をまったくつくりませんでしたが、戦後の1947年にほかの航空機メーカーが多忙だったこともあり、アメリカ海軍からジェット艦上戦闘機の開発契約を得ました。こうしてつくられたのがFHファントムです。必ずしも成功作ではありませんでしたが62機を製造し、その後のF2Hバンシー、F3Hデモン、そしてF4HファントムⅡへと続く、同社艦上戦闘機のスタートとなったのです。

マクダネル最初の戦闘機となった初代ファントムのFH　　写真提供：アメリカ海軍

第6章
ファントムⅡと実戦

ベトナム戦争、中東での戦い、そして退役間近に起きた湾岸戦争など、ファントムⅡは各地の実戦に投入されました。その主要な戦歴を振り返ります。

6-01 ベトナム戦争①
ヤンキー・ステーション
～戦闘空中哨戒任務を実施

インドシナ半島を植民地にしていたフランスがベトナム民主共和国軍(後に北ベトナム)との戦いに敗れると、1954年にベトナムは南北に分断され、対立が激化しました。アメリカはベトナム共和国(南ベトナム)を支持しましたが、戦いへの関与は限定的なものにとどめていました。しかし、1964年8月に、北ベトナム沖のトンキン湾に展開していたアメリカ海軍の駆逐艦に北ベトナムの哨戒艇が魚雷を発射する**トンキン湾事件**が起きると、アメリカはインドシナ半島での戦いに関与することとし、次第にその度合いを高めていきました。

ベトナム戦争でアメリカ海軍の空母戦闘群(現空母打撃群)がタスクフォース77として南シナ海に設けた活動拠点が**ヤンキー・ステーション**です。ヤンキー・チームと呼ばれた部隊がはじめて配置されたのはラオス内戦中の1964年5月19日で、空母「キティ・ホーク」(CVA-63)が派遣され、まず航空偵察活動を開始しました。

その後はインドシナ半島全体への各種航空作戦を遂行するようになりました。対ラオスの活動は「バレル・ロール」作戦と名付けられました。ヤンキー・ステーションでの活動期間は1965年3月～1968年10月と1970年3月～1972年12月の2回に分けられ、通常は3隻の空母が配置されていました。艦上戦闘機の主力だったF-4は、空対空と空対地の両作戦に投入されたほか、航空脅威から空母艦隊を守る**戦闘空中哨戒(CAP[※1])**も実施しました。このCAPのエリアは、哨戒艇の対空捜索レーダーの覆域内で実施されたことから**明確な識別レーダー勧告ゾーン(PIRAZ[※2])**と名付けられ、主としてトンキン湾上空の西側空域を指していました。

※1 CAP：Combat Air Patrol
※2 PIRAZ：Positive Identification Radar Advisory Zone

ヤンキー・ステーションに配置された空母搭載の艦上戦闘機であるF-4Jは、ベトナム上空での航空作戦に加えて、トンキン湾上空での戦闘空中哨戒（CAP）ミッションも定常的にこなしていた。写真はAIM-9EとAIM-7E空対空ミサイルを満載した戦闘空中哨戒任務仕様で飛行するVF-96所属のF-4J

写真提供：アメリカ海軍

ヤンキー・ステーションに派遣された空母の一隻である「レンジャー」（CV-61）。写真はアメリカ海軍によるヤンキー・ステーションでの活動が終わって間もない1974年に撮影されたもの

写真提供：アメリカ海軍

6-02 ベトナム戦争② 「ボロ」作戦 — 7機のF-4Cが17機のMiG-21を撃墜

ベトナムでの航空戦がはじまるとアメリカ軍は最新鋭の作戦機を投入しました。しかし政府が定めた「目視で北ベトナム軍機と確認した後でなければ戦いに入ってはいけない」という厳しい交戦規定もあり、思いのほか苦戦を続けていました。

そうした状況を打破するための作戦を考案したのが、アメリカ空軍でF-4Cを装備して参戦していた第8戦術戦闘航空団の司令官、ロビン・オルズ大佐でした。その作戦は「**多数の戦闘機が編隊を組んで北ベトナムに向けて飛行することで爆撃機編隊と誤認させ、迎撃してきた戦闘機を一網打尽にする**」というものでした。

最初の飛行は1967年1月2日で、オルズ大佐は14機のF-4Cに加えて6機のF-105、4機のF-104など全部で100機近い戦闘機や電子戦機などを率いて北ベトナムに向かいました。するとEC-121空中警戒機が予想どおり北ベトナムからミグ戦闘機（MiG-21PFL“フィッシュベッドC”）の発進を捉え、オルズ大佐の編隊は戦闘態勢を整えました。そして、最初のミグ戦闘機が近づくとオルズ大佐はサイドワインダーでミグを撃墜しました。続いて2番機であったストーン大尉操縦のF-4Cが急降下をしながら2機のミグを追い、2発のスパローを発射して1発が命中し、撃墜しました。その後もオルズ編隊の交戦は続き、7機のF-4Cが、この日だけで17機のMiG-21を撃墜して「**ボロ**」作戦は成功を収めたのです。

第8戦術戦闘航空団はベトナム戦争で23機の北ベトナム空軍戦闘機を撃墜しました。なお、作戦名の「ボロ」は刃の長い大型のナイフを指しますが、俗語で「下手な射撃手」「頼りない兵士」という意味もあります。

北ベトナム空軍のミグ戦闘機をおびき出す「ボロ」作戦に向けて、タイのウボン基地を出撃する第8戦術戦闘航空団第497戦術戦闘飛行隊のF-4C。サイドワインダーとスパロー空対空ミサイルを満載している
写真提供：アメリカ空軍

「ボロ」作戦に参加した第8戦術戦闘航空団第433戦術戦闘飛行隊の塗装を再現したF-4C。空気取り入れ口のスプリッター・プレートに二つの撃墜マークが描かれている
写真提供：アメリカ空軍博物館

6-03 ベトナム戦争③「ローリング・サンダー」作戦
― F-4Cは作戦後期から投入

アメリカによる最初の本格的で大規模な北ベトナムへの爆撃作戦が、1965年3月から1968年11月にかけて行われた「ローリング・サンダー（轟く雷鳴）」作戦でした。その目的は、北ベトナムに対して軍事的な圧力をかけることで南への進出を食い止め、南ベトナム軍の士気を高める一方、南ベトナム民族解放戦線（通称ベトコン）に「戦いでの勝利に価値がない」と思わせることでした。しかし、北ベトナムにとっては、以前から続いていた外国による軍事侵略であることに変わりはなく徹底抗戦を続けました。

アメリカは、北ベトナムを7つのルート・パッケージに分けて攻撃目標を決めました。首都のハノイはパック4、6a、6bにまたがっており、また対空火器により堅固に守られていました。

作戦開始初期の戦闘爆撃機の主力はF-100Dスーパー・セイバーやF-105Dサンダーチーフなどで、タイ国内の基地などから出撃しました。大型で高速のF-105は最も重要な機種でしたが、戦闘行動半径が短いなどの問題があり、また出撃回数が多かったことから、この戦争で最も多く失った戦闘機となってしまいました。

作戦の後期には**新鋭戦闘爆撃機としてF-4Cが到着**し、**爆撃任務を主体として作戦に投入**されることになりました。その基本的な作戦行動の中身はF-100やF-105と大きくは変わりませんでしたが、より高速で戦闘行動半径が大きく、爆撃効率を大幅に高めました。アメリカ空軍は作戦期間中、北ベトナムに対し153,784回の、アメリカ海軍・海兵隊は152,339回の攻撃ソーティを実施して653,000トンの爆弾を投下しました。しかし、北ベトナムが屈することはなく、戦いはまだ続くことになったのです。

「ローリング・サンダー」作戦で、編隊飛行しながらM117爆弾を投下するF-4C。前列中央にはダグラスB-66デストロイヤー爆撃機を電子戦機に改造したEB-66がいて、地対空火器のレーダーを電子妨害してF-4編隊を防護している。こうした任務の機種を「エスコート・ジャマー」という

写真提供：アメリカ空軍

「ローリング・サンダー」作戦で航空優勢の確保に向かうアメリカ海軍VF-92のF-4B

写真提供：アメリカ海軍

6-04 ベトナム戦争④「ラインバッカー」作戦 — 誘導爆弾でタン・ホア橋を破壊

北ベトナム国内への2度目の大規模攻撃作戦が、1972年5月に開始された「ラインバッカー」作戦です。北ベトナムがパリでの和平交渉のテーブルに着いたことで1972年10月にいったん攻撃は終了しましたが交渉はまとまらず、同年12月18日に攻撃が再開されました。このため前者が**ラインバッカーI**、後者が**ラインバッカーII**と呼ばれています。ラインバッカーIIは、北ベトナムとアメリカが再度話し合いを持つことが決まったことで12月29日に終了し、1973年1月にパリ和平協定が結ばれてインドシナ半島からアメリカが撤退することになり、ベトナム戦争の終結が見えました。

「ラインバッカー」作戦では、大型の戦略爆撃機B-52ストラトフォートレスが投入されて、絨毯爆撃により北ベトナムに大きな被害を与えましたが、対空火器で15機が撃墜されました。この作戦でもアメリカ空軍とアメリカ海軍のF-4はさまざまな任務に投入されましたが、特筆すべきは**誘導兵器を使用**したことです。この兵器については**6-07**で記しますが、これによりソン・マ川にかかっていた**タン・ホア橋**を破壊することがで

きました。

タン・ホア橋は、北ベトナムの補給路にとって重要な橋で、南進にも不可欠なものだったので、1965年から破壊するため何度もアメリカは爆撃しました。橋自体は長さ約160m、幅約17mと小さいものではありませんでしたが、投下した爆弾はことごとく外れてしまい、そのまま残り続けていました。AGM-62ウォールアイも使われましたが、命中したものの破壊には至りませんでした。しかし「ラインバッカー」作戦中の1972年5月13日、F-4が投下したGBU-8などによる集中爆撃で、ついに破壊されました。

ラインバッカーⅠで大量のMk82爆弾を投下して絨毯爆撃するB-52D。ベトナム戦争ではじめてB-52が投入されたのは「アークライト」作戦（1965年）で、さらにその後のケサンの戦い（1968年）、アンロクの戦い（1972年）、コンツムの戦い（同年）にも投入された　写真提供：アメリカ空軍

6-05 ベトナム戦争の攻撃兵器① 通常爆弾
— 爆発の威力を落とさない遅延信管も利用

ベトナム戦争でアメリカ軍が使用した通常爆弾は、旧式のM117 750ポンド(340kg)爆弾と、軽量でスリムなMk82 500ポンド(227kg)爆弾が主体でした。F-4もこの2種を主に使い、B-52爆撃機も同様でした。より搭載量を増やして絨毯爆撃の効果を高めるため、B-52には爆弾倉内を設計変更して搭載量を増やす**ビッグ・ベリー(大腹)**改修を行った**B-52D**もありました。このB-52Dは、機内と機外を合わせて108発ものMk82を搭載できました。F-4などの戦闘機や攻撃機は、先端に細長い**遅延信管**を付けたものも使用しました。Mk82を例にすると、先端にM904接触信管があり、通常は先端が弾着することで信管が作動して爆弾を起爆させます。しかし、起爆までのわずかの間に爆弾本体は地中に入りはじめ、その結果、爆発威力が低下します。それを避けるために開発されたのが**M1E1遅延信管**です。弾体の先に長さ約36インチ(91.4cm)の棒状の部品を付けて、その先に接触信管を装着しておきます。これにより、信管が地面などに触れたときには、まだ爆弾本体が地中には入っておらず、本来の爆発効果を得られます。

同様の遅延信管を使った特殊な爆弾が**BLU-82**で、直径1.47m、重量約15,000ポンド(6,804kg)の超大型爆弾です。弾体内にはアルミ粉が入っていて、地表近くで大きな爆発と爆風を引き起こします。地表に穴を開けることなく破壊するので、ベトナム戦争ではヘリコプターの着陸ゾーンをつくる際などに、C-130ハーキュリーズ輸送機などから投下されました。地上のものを根こそぎなくすことから**デイジー(ひな菊)カッター**の名が付けられています。

Mk82通常爆弾を投下するアメリカ海軍VF-21所属のF-4B　写真：アメリカ海軍

F-4Dに搭載されたM1E1遅延信管を付けたMk82爆弾
写真提供：アメリカ空軍

C-130の貨物室に搭載されるBLU-82。後方に押し出して投下される
写真提供：アメリカ空軍

6-06 ベトナム戦争の攻撃兵器② ナパーム弾
― 日本への空襲にも使われた

ベトナム戦争で使われた特殊な爆弾の一つに**ナパーム弾**があります。起爆すると弾体であるナパーム剤が高温で燃焼し、広範囲に火災を引き起こして焼き尽くす爆弾です。

ナパーム（napalm）は燃焼剤を構成する物質であるナフテン酸（naphthenic acid）とパルミチン酸（palmitic acid）のアルミニウム塩（aluminum salts）の文字を組み合わせた造語です。

ナパーム弾は第二次世界大戦中に開発されて、**日本本土の爆撃**などに使用されました。ベトナム戦争で使われた航空機搭載用ナパーム弾では、ナパームB混合剤と呼ばれる特殊焼夷弾用燃焼剤が作られて、従来のものよりも広く拡散するとともに、燃焼時間が長くなっていたといわれます。

ベトナム戦争でナパーム弾を使用した代表機種がアメリカ空軍のF-4Cとアメリカ海兵隊のA-4C/Eスカイホークで、空軍のナパーム弾は**Mk47**、海兵隊のナパーム弾は**Mk77**と呼ばれました。基本的には同じものでBLU-1/Bと呼ぶ筐体を使用しています。BLU-1/Bには90～100ガロン（341～379L）のナパーム剤が入れられ、爆弾の重量は750ポンド（340kg）級になります。ナパーム剤自体の重量は575～640ポンド（261～290kg）でナパームB剤用の筐体はBLU-1B/Bと呼ばれます。寸法は変わりませんがナパーム剤の割合が増えたことで弾体重量がわずかに増加しています。

750ポンド級のF-4用の特殊爆弾としては**MC-1**があります。弾体内に神経ガスであるサリンを約100kg収め、起爆で噴霧します。MC-1は220発程度つくられましたが、ベトナム戦争も含めて一度も使われることなく、2006年6月に全弾が廃棄されました。

ベトナム戦争で、南ベトナム南部のメコン・デルタ地帯に低高度から安定フィン付きのナパーム弾を投下する、アメリカ空軍第481戦術戦闘飛行隊所属のノース・アメリカンF-100Dスーパー・セイバー
写真提供：アメリカ空軍

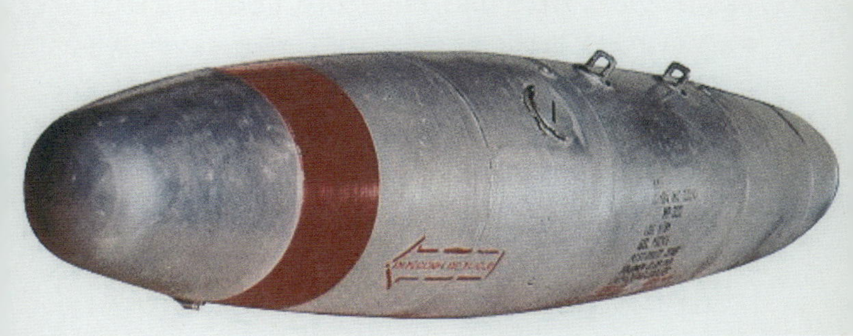

ナパーム弾の筐体であるBLU-1/B
写真：著者所蔵

ベトナム戦争の攻撃兵器③ 誘導兵器
― テレビ画像や赤外線画像、レーザーで誘導

ベトナム戦争は**電子光学式誘導装置**を備えた攻撃兵器がはじめて使われた戦争でもありました。ここではその中でも代表的な3種について記しておきます。

●**GBU-8**：2,000ポンド(907kg)のMk84を弾体にした誘導爆弾で、先端にシーカー・モジュールを、後部に操舵翼の付いた4枚のフィンを装着します。シーカーにはKMU-353A/Bテレビ・シーカーとKMU-359/B画像赤外線があり、ミッションに応じてあらかじめ選択して使い分けます。このキットは誘導爆弾システム(HOBOS※)と呼ばれました。

●**GBU-11**：今日の代表的なレーザー誘導爆弾であるペイヴウェイ・シリーズのスタートとなったものです。3,000ポンド(1,361kg)のM118E1爆弾の先端にレーザー受光システムを付け、最後部には固定式のフィン4枚を有し、ペイヴウェイⅠと呼ばれました。

●**AGM-62ウォールアイ**：先端にテレビ・シーカーを持つ滑空式の誘導爆弾です。基本的な弾頭の重量は250ポンド(113kg)という小型の兵器でしたが、後に1,100ポンド(499kg)型や、2,000ポンド(907kg)のウォールアイⅡ、さらには核弾頭装備型などもつくられました。推進装置はありませんが、テレビ・シーカーが捉えた目標を指定してロック・オンすると、投下後に操舵翼を動かして目標に向け自律滑空飛翔します。1,100ポンド型の射程は約30kmです。ベトナム戦争中に1,100ポンド型が実用化され、1967年5月にハノイ近郊の発電所を直撃しました。ウォールアイを装備したのはアメリカ海軍・海兵隊だけです。また、F-4の搭載兵器リストには加えられませんでした。

※HOBOS：HOming BOmb System

テレビ誘導式の2,000ポンド爆弾GBU-8　　写真提供：アメリカ空軍博物館

テレビ・シーカーを持つ滑空式の誘導爆弾AGM-62ウォールアイを投下するアメリカ海兵隊VMA-324のダグラスA-4Mスカイホーク　　写真提供：アメリカ空軍

6-08 ベトナム戦争の空中戦
― ミサイルを過信して犠牲が増えた

アメリカ軍は朝鮮戦争で700機の敵戦闘機を撃墜し、その撃墜比率は「14対1だった」と発表しました。これは後に再調査されて「F-86Fセイバーと MiG-15"ファゴット"との比率は7対1だった」と修正されましたが、それでも高い撃墜率で、**空中戦は圧勝していた**といえます。こうした優位はベトナム戦争でも維持されました。例えばベトナム戦争の空中戦でアメリカは89機を失いましたが、アメリカ空軍のF-4だけで MiG-17"フレスコ"、MiG-19"ファーマー"、MiG-21"フィッシュベッド"を107.5機撃墜しています。

ただ、全体の撃墜率は2.5対1程度まで、大きく低下しました。その要因の一つが「空対空ミサイルの実用化により、接近しての空中戦がなくなる」と考えて、**格闘戦闘の訓練をおろそかにしていた**点にあることは、ヒット映画『トップ・ガン』でいわれていたとおりです。こうした訓練不足はパイロットの判断力の悪さにもつながり、大型で鈍重な戦闘機を操縦しているにもかかわらず、小型で俊敏な戦闘機とあえて空中戦に入った事例もありました。

1966年12月、北ベトナム空軍第921戦闘機連隊所属の MiG-21FL"フィッシュベッドC"数機(機数不明)がF-105サンダーチーフの編隊に襲いかかり、応戦したF-105は17機が撃墜され、MiG-21は1機も撃墜されずに戦いを終えたことがありました。また、直接の空中戦ではありませんが、北ベトナムの戦闘機パイロットがわざと追いかけさせて、対空機関砲や対空ミサイルが待ち構えている空域に誘い込み、それらの対空火器で撃墜するという戦術も採られました。ちなみにこの戦争でアメリカは、あらゆる機種を合計すると約10,000機の航空機を失いました。

F-105のガン・カメラが捉えた北ベトナム空軍のMiG-17“フレスコ”の撃墜の瞬間
写真提供：アメリカ空軍博物館

ベトナム戦争時に北ベトナム空軍の主力戦闘機の一つであったMiG-21PF“フィッシュベッドD”
写真提供：アメリカ空軍博物館

6-09 ヨム・キプール戦争
— 第四次中東戦争

1948年、パレスチナにユダヤ人の国家として建国されたイスラエルは、周辺のアラブ諸国との対立で四次にわたる中東戦争を戦うことになりました。第四次中東戦争は、第三次中東戦争（六日戦争）でイスラエルが占領したゴラン高原やシナイ半島とスエズ運河周辺などを、エジプト軍とシリア軍が奪還するために侵攻して勃発しました。戦争がはじまった1973年10月6日がユダヤ暦のヨム・キプール（贖罪の日）だったことから**ヨム・キプール戦争**とも呼ばれています。

占領地への奇襲を受けたイスラエルは、これまでの3回の戦いとは異なり苦戦を強いられました。イスラエル空軍は開戦当初から、F-4Eをシリア・エジプトの防空陣地への攻撃に投入しましたが、2日目の地対空ミサイル陣地攻撃では4機が撃墜されています。この戦争でイスラエル空軍は、全作戦機合計で11,223ソーティを実施しましたが、少なくとも37機のF-4Eを失いました。また6機がひどい損傷を受けて戦争終結後に廃棄されたと思われます。

またこの戦いでは、F-4Eがシリア軍およびエジプト軍の航空機を9機（ヘリコプターを含む）撃墜し、ダッソー・ミラージュⅢ ICJ/IAIネシャーも24機の撃墜を記録しました。イスラエル空軍機の空中戦での被撃墜はないとされていますが、「1機がMiG-21“フィッシュベッド”に撃墜された」との情報もあります。

10月18日、F-4EがエジプトのMiG-17“フレスコ”を撃墜した際は、イスラエルの国産空対空ミサイルの**シャフリル**をはじめて使用しました。この戦いは、10月25日に停戦が合意されましたが、主戦場となった地域には緩衝地帯が設けられました。

イスラエルはヨム・キプール戦争ではじめてF-4E（クルナス）を実戦に投入し、多数のシリア・エジプト連合軍機を撃墜した
写真提供：イスラエル国防省

ヨム・キプール戦争の一コマとされる写真。イスラエル空軍はF-4Eを対地攻撃にも投入したが、その結果、対空火器により少なくとも37機を失った
写真提供：イスラエル国防省

6-10 ベカー高原の戦い
― 戦闘機の世代交代が進んだ

第四次中等戦争後の1978年9月、アメリカのキャンプ・デイビッド（メリーランド州）でイスラエルとエジプトが和平に関する協定書に署名し、**キャンプ・デイビッド合意**が達成されました。これで中東情勢は大きく変化すると思われましたが、多くのアラブ諸国はこの合意に反対で、イスラエルとアラブ諸国あるいはパレスチナ解放機構（PLO※）との軍事衝突が繰り返されました。この軍事衝突の一つが1982年6月に発生した**ベカー高原**での航空戦で、F-4が投入されました。

ベカー高原はシリア西部とレバノン東部の国境線沿いにある高地でイスラエルの北東側に位置します。この周辺の地上では1979年から軍事衝突が散発していて、イスラエルはシリア軍の動きを探るために航空偵察を活発化させていました。当初はファイアビーなどの無人機が主体でしたが、RF-4Eも使用されるようになり、これに対してシリアのMiG-25“フォックスバット”などが迎撃し、戦闘が激化していくことになりました。

本格的な戦いは6月9日のイスラエル軍による侵攻で幕を開け、6月末まで続きました。当時イスラエル空軍の主力機は、すでにF-15イーグルとF-16ファイティング・ファルコンに移り、**F-4の対地攻撃や空中戦の役割は補助的**なものでした。イスラエル空軍はこの戦いで、MiG-25 1機とMiG-23“フロッガー”2機を含む20機のシリア空軍機を空中戦で撃墜しましたが、F-4Eが撃墜したのはMiG-21“フィッシュベッド”1機だけでした（イスラエル側の被撃墜はなし）。またこの戦いではIAIクフィルC2が対レーダー・ミサイルによる防空レーダー陣地攻撃などを行いました。

※PLO：Palestine Liberation Organization

離陸するイスラエル空軍のF-4E。イスラエルはベカー高原の戦いにもF-4Eを投入したが、F-15とF-16がすでに実戦に投入されていたため、ヨム・キプール戦争と比較すると実際の戦いへの関与はごく限られたものとなった　写真：著者所蔵

ベカー高原の戦いでは多くのF-4Eにシャークティースを描いたといわれる
写真提供：イスラエル国防省

6-11 イラン・イラク戦争
― アメリカの支援を失っても自前でF-4を運用中

イラン・イラク戦争は、今日まで続いているイスラム教の宗派対立が根底にある戦いでした。イランでは1979年12月に起きたイスラム革命によりパーレビ国王が追放され、シーア派のホメイニ師が実権を掌握しました。一方、イラクでは1979年7月、民族派を掲げるサダム・フセインが大統領に就任し、フセインはイスラム革命の広がりを阻止するため、1980年9月22日にイランへの攻撃を開始しました。そして、イスラム教シーア派のアラブ諸国もまた、イスラム革命の伝播を危惧してイラクを支持し、戦いの様相は複雑化していったのです。

パーレビ国王時代のイランは、軍備、特に航空機の面では完全な親米国家で、強力な戦闘機戦力を持っていました。5-14で記したように計225機のF-4を受領し、さらにグラマンF-14Aトムキャットを購入した唯一の国でした(発注は80機で、引き渡しは79機)。イスラム革命によるアメリカとの断交で一切の支援を受けられずスペア部品の入手が困難になったものの、イランは高い工業技術力を持ち、また他の国から部品を入手するなどして、今日でもこれらの戦闘機を運用可能な状態で維持しています。

イラン・イラク戦争で航空戦はほとんど起きていないので、F-4の運用や両国軍の航空活動などはよくわかっていませんが、この間に両国はペルシャ湾を航行する艦船(民間のタンカーも含む)を攻撃し、イラクはAM39エグゾセ空対艦ミサイルを発射しています。エグゾセとシュペルエタンダールの組み合わせは、1982年のフォークランド紛争で有名になりましたが、最初の使用はイラン・イラク戦争でした。

編隊飛行を行うイラン空軍のF-4E。イラン・イラク戦争は政治的な問題もあって双方が決定打を打たず長期に及んだことから、日本では「イライラ戦争」とも呼ばれた　写真：著者所蔵

イラン・イラク戦争当時にイラク空軍の主力戦闘機の一つだったダッソー・ミラージュ F1EQ
写真提供：Wikimedia Commons

6-12 湾岸戦争① 展開部隊
― F-4はバーレーンとトルコに移動

1990年8月2日、イラクは**クウェートに軍事侵攻**し「クウェートを19番目の行政区画にした」と宣言しました。これが湾岸危機の発端で、国際社会はこれにすぐ反応しました。アメリカはイラクのそれ以上の行動を阻止し、クウェート撤収の圧力とするため中東地域に大量の軍を展開させました。これが「砂漠の盾」作戦です。国際連合は並行してイラクに、クウェートからの撤退を再三要求しました。安全保障理事会は「1991年1月16日を撤退期限」とする決議を採択してイラクに通告しました。

しかし、期限を過ぎてもイラクが撤退しなかったので、アメリカを中心とする多国籍軍が17日、クウェートの主権奪回のための軍事作戦を開始しました。クウェート内とイラク国内でイラク軍との戦いがはじまったのです。これが**湾岸戦争**で、アメリカ軍の作戦名は「砂漠の嵐」作戦です。当時、F-4はアメリカ海軍・海兵隊を退役していて、空軍でも作戦部隊に残っていたF-4はわずかでした。空軍の攻撃部隊では、ドイツのシュパンダーレム基地に所在する第52戦術戦闘航空団とアメリカ本土のジョージ空軍基地に所在する第35戦術戦闘航空団所属のF-4Gの計48機が、バーレーンのシェイク・イサ基地に展開して作戦参加しました。フィリピンのクラーク基地からも、第3戦術戦闘航空団に所属する少数のF-4Eがトルコのインシルリク基地に移動しましたが、こちらは「砂漠の嵐」作戦ではほとんど活動しませんでした。

そのほか、ドイツのツバイブリュッケン基地から第126戦術偵察航空団とアラバマ州兵航空隊第106戦術偵察飛行隊所属のRF-4Cが同じくシェイク・イサ基地に移動しました。

KC-135Rの空中給油支援を受けてアメリカ本土のカリフォルニア州ジョージ空軍基地からシェイク・イサ基地に展開する、アメリカ空軍第35戦術戦闘航空団第561戦術戦闘飛行隊のF-4G
写真提供：アメリカ空軍

シェイク・イサ基地に展開したアメリカ空軍第117戦術偵察航空団第106戦術偵察飛行隊のRF-4C。アラバマ州兵航空隊の部隊である
写真提供：アメリカ空軍

6-13 湾岸戦争② ミッション
— 開戦直前に国境線沿いからイラク国内を撮影

湾岸戦争がはじまった1991年時点でF-4は、アメリカ海軍・海兵隊を退役済みでした。アメリカ空軍でも前項で記した程度の部隊にしか残っていませんでした。このため戦闘における活動などの比率はごくわずかで、明らかに主力機ではありませんでした。

F-4Gは、ワイルド・ウィーズル(**5-22**参照)の基本任務である敵防空の制圧/破壊(SEAD[※1]/DEAD[※2])を行い、対レーダー・ミサイルで防空レーダー施設などを攻撃し、打撃パッケージの進出を容易にしました。使用兵器はAGM-88 HARMでした。ただ、開戦劈頭におけるSEAD/DEADでより重要な役割を果たしたのは、陸軍の武装ヘリコプターAH-64Aでした。夜間に隠密行動で進出して、近距離からレーダー陣地などに攻撃を加えたのです。

RF-4Cのミッションはもちろん写真偵察で「砂漠の盾」作戦当時から情報収集にあたっていました。基本的にはKS-127長距離斜めカメラを使用してのスタンドオフ写真偵察で、約80km先の目標を捉えることができました。「砂漠の盾」作戦時は、まだイラク領空に入れないので、国境線沿いに飛行して写真を撮影したとされています。

「砂漠の嵐」作戦に入った後のもう一つの重要な任務は**戦闘損害評価(BDA[※3])**用の写真撮影です。BDAによって、指定した目標に損害を与えられたかが判定され、再攻撃や目標の変更などといった次の活動が計画されました。RF-4CはBDAのほかに、移動式で転々と場所を変えていたSS-1“スカッド”戦術弾道ミサイルの捜索支援も実施しました。これらは目視あるいは通常の偵察カメラで実施されたので昼間のみの活動でした。

※1 SEAD : Suppression of Enemy Air Defence
※2 DEAD : Destruction of Enemy Air Defence
※3 BDA : Battle Damage Assessment

AGM-88 HARMを搭載したF-4G。スパロー・ステーションには、AN/ALQ-131の後継ECMポッドとして導入されたばかりのAN/ALQ-184を装着している　写真提供：アメリカ空軍

シェイク・イサ基地をタキシングするRF-4C。主翼下内側に、防空レーダーから自身を守るためのAN/ALQ-131 ECMポッドを搭載している　写真提供：アメリカ空軍

《参考文献》

Jon Lake and David Donald, *McDonnell F-4 Phantom : Spirit in the Skies*（Aerospace Publishing、2002年）

世界の名機シリーズ『F-4ファントムII』（イカロス出版、2012年）

自衛隊の名機シリーズ『航空自衛隊F-4 改訂版』（イカロス出版、2009年）

Stan Morse, *Gulf Air War : Debrief*（Aerospace Publishing、1991年）

Soph Moeng and Chris Bishop, *The Aerospace Encyclopedia of Air Warfare : 1945 To the Present Vol 2*（AIRTIME Publishing、1997年）

青木謙知/著『自衛隊戦闘機はどれだけ強いのか』（SBクリエイティブ、2010年）

青木謙知/著、赤塚 聡/写真『F-2の科学』（SBクリエイティブ、2014年）

青木謙知/著、赤塚 聡ほか/写真『F-15Jの科学』（SBクリエイティブ、2015年）

青木謙知/著『戦闘機年鑑』各年版（イカロス出版）

月刊『軍事研究』各号（ジャパン・ミリタリー・レビュー）

月刊『航空ファン』各号（文林堂）

月刊『Jウイング』各号（イカロス出版）

※そのほか、航空自衛隊をはじめとする各機関・各社の資料・ウェブサイトを参考にさせていただきました。

索引

た

な

は

ま

や

ら

わ

サイエンス・アイ新書 発刊のことば

「科学の世紀」の羅針盤

20世紀に生まれた広域ネットワークとコンピュータサイエンスによって、科学技術は目を見張るほど発展し、高度情報化社会が訪れました。いまや科学は私たちの暮らしに身近なものとなり、それなくしては成り立たないほど強い影響力を持っているといえるでしょう。

『サイエンス・アイ新書』は、この「科学の世紀」と呼ぶにふさわしい21世紀の羅針盤を目指して創刊しました。情報通信と科学分野における革新的な発明や発見を誰にでも理解できるように、基本の原理や仕組みのところから図解を交えてわかりやすく解説します。科学技術に関心のある高校生や大学生、社会人にとって、サイエンス・アイ新書は科学的な視点で物事をとらえる機会になるだけでなく、論理的な思考法を学ぶ機会にもなることでしょう。もちろん、宇宙の歴史から生物の遺伝子の働きまで、複雑な自然科学の謎も単純な法則で明快に理解できるようになります。

一般教養を高めることはもちろん、科学の世界へ飛び立つためのガイドとしてサイエンス・アイ新書シリーズを役立てていただければ、それに勝る喜びはありません。21世紀を賢く生きるための科学の力をサイエンス・アイ新書で培っていただけると信じています。

2006年10月

※サイエンス・アイ（Science i）は、21世紀の科学を支える情報（Information）、知識（Intelligence）、革新（Innovation）を表現する「i」からネーミングされています。

SB Creative

サイエンス・アイ新書

SIS-360

http://sciencei.sbcr.jp/

F-4ファントムⅡの科学（かがく）

40年（ねんこ）を超えて最前線（さいぜんせん）で活躍（かつやく）する名機（めいき）の秘密（ひみつ）

2016年7月25日　初版第1刷発行

著　　者　青木謙知（あおき よしとも）
写　　真　赤塚 聡（あかつか さとし）ほか
発 行 者　小川 淳
発 行 所　SBクリエイティブ株式会社
〒106-0032　東京都港区六本木2-4-5
電話：03-5549-1201（営業部）
装丁・組版　クニメディア株式会社
印刷・製本　図書印刷株式会社

ISBN 978-4-7973-8242-6

SB Creative